더 오래 더 멀리 나는 친환경 에너지 모빌리티!

수소 연료전지 드론의 설계와 정비

○ 홍성호 ㈜호그린에어 대표이사

2015년 전남대학교 경영전문대학원 석사 졸업 후 드론 전문 회사 ㈜호그린에어를 설립해 국제항공사고조사협회, 항공안전관리연구소, 한국철도항공사고조사협회 등에서 항공기사고조사와 항공안전관리에 관한 연구를 진행해왔고, 세계 최고 PEMFC 제조업체인 Intelligent Energy 사와 영국 지사를 통해 한국 총판매 계약을 맺으며 글로벌 역량을 키워나가고 있다.

- 현 ㈜호그린에어 대표이사
- 현 호그린에어 교육원 초경량비행장치 무인멀티콥터 교관
- 현 국제항공사고조사협회(ISASI) 조사관
- 전 전남도립대학교 드론기계학과 외래교수
- 현 조선대학교 항공우주공학과 박사 과정
- 현 Midwest University(USA) 자문위원
- 현 광주광역시 드론산업 협의체 위원

○ 박찬호 광주과학기술원 에너지융합대학원(학과) 교수

기업에서의 오랜 연구 경험을 바탕으로 연료전지와 수전해에 관한 소재, 전극, 나노 탄소 소재에 대한 연구와 이와 연관된 교육과 강의를 진행해 왔다.

- 현 광주과학기술원 교수
- 전 삼성 SDI 배터리 연구소 상무
- 전 삼성전자 삼성종합기술원 마스터
- 전 미국 버클리 캘리포니아 주립대 박사 후 연구원
- 전 미국 예일대학교 박사 후 연구원

○ 위형도 전남도립대학교 드론기계학과 교수

초경량 비행 장치(드론) 교관이며, 대한상공회의소 광주인력개발원, 한국폴리텍대학 전남캠퍼스, 남과학대학교, 동강대학교 등에서 교관 및 교수로서 강의 및 교육을 진행해 왔다.

- 현 전남도립대학교 드론기계학과 교수
- 전 한국폴리텍대학 전남캠퍼스 외래 교수
- 전 대한상공회의소 광주인력개발원 교관
- 전 전남과학대학교 특수 장비과 겸임 교수
- 전 동강대학교 드론과 외래 교수

○ 이동주 ㈜헥사 기술연구소 소장

지난 20년간 헬륨을 냉매로 한 G-M 극저온 냉동기와 이를 활용한 다양한 용도의 크라이오 펌프 개발자로 활동하며 국내 유일의 크라이오 펌프 시스템 전문가로 인정받았다. 극저온 워터펌프(CWP)와 TMP 조합의 복합 펌프 연구로 SCI 논문 게재 및 학위를 수여받았으며, 현재는 수소 분야로 범위를 넓혀 다양한 용량대의 수소 액화기와 드론용 수소 연료전지 파워팩 개발에 매진하고 있다.

- 현 ㈜헥사 기술연구소 소장
- 현 한국진공학회, 한국진공기술연구조합의 전문 강사
- 현 충북대학교 첨단장비 전문가 양성 과정 주강사
- 전 국제대학교 기계공학과 겸임 교수
- 전 현민지브이티 기술연구소 소장
- 성균관대학교 물리학 박사
- 경북대학교 기계공학 석사

더 오래 더 멀리 나는 친환경 에너지 모빌리티!

수소 연료전지 드론의 설계와 정비

홍성호, 박찬호, 위형도, 이동주 지음

BM (주)도서출판 성안당

Preface
저자 서문

수소 연료전지 드론을 이용하면 지금보다 더 멀리, 더 오래 비행할 수 있다

지난 2021년 10월 31일, 영국 글래스고에서 세계 120여 개국 정상 등 2만 5,000여 명이 모인 가운데 열린 제26차 유엔기후변화협약당사국총회(COP26)에서 지구의 온실가스 배출량을 줄이기 위한 논의 및 협의가 진행되었고, 대한민국은 2030년까지 40%의 온실가스를 감축하겠다고 밝혔습니다.

현재 대한민국은 온실가스를 감축하기 위해 수소 산업을 적극 육성하고 있는 중입니다. 정부를 비롯한 대기업, 중소·중견 기업에서는 수소 생태계를 빠르게 성장시키기 위해 많은 투자를 하고 있고, 수소 모빌리티 산업에서는 기존의 내연 기관을 100% 대체하며 높은 가능성을 보여 주었습니다.

드론 산업에서는 기존 대체 에너지원이 보유하고 있는 문제점을 해결하고 다양한 임무에 적용하기 위해 수소 연료전지 드론을 해결책으로 보고 많은 기술 개발과 연구를 거듭하고 있습니다.

수소 연료전지 드론을 이용하면 지금보다 더 멀리, 더 오래 비행할 수 있고, 그동안 불가능하리라 여겼던 많은 일을 해낼 수 있을 것입니다. 또한 수소 산업의 발전을 통해 석유 한 방울 나지 않는 국가에서 에너지 자립국을 넘어 에너지 수출국으로 나아갈 수 있으리라 믿습니다.

Contents
차례

About	저자 소개	4
Preface	저자 서문 수소 연료전지 드론을 이용하면 지금보다 더 멀리, 더 오래 비행할 수 있다	7

Part 1. 연료전지   10

Chapter 1 연료전지란?   12
- 1.1.1 세계 연료전지 시장 동향   13
- 1.1.2 연료전지 소개   14
- 1.1.3 수소 연료전지의 장점   16
- 1.1.4 수소 연료전지의 단점   17
- 1.1.5 연료전지의 구성 요소   18

Chapter 2 연료전지의 종류 및 활용   21
- 1.2.1 연료전지의 종류   22
- 1.2.2 연료전지의 활용   28
- 1.2.3 연료전지 시장 전망   36
- 1.2.4 연료전지 기술 동향   38

Part 2. 왜 수소인가?   42

Chapter 1 수소 개요   44
- 2.1.1 수소의 물리적 요소   45
- 2.1.2 수소의 화학적 요소   47

Chapter 2 수소 안전   49
- 2.2.1 수소 안전 관리 핵심 기술   50
- 2.2.2 안전 관리를 위한 수소 관리 체계   52
- 2.2.3 수소 에너지에 대한 오해와 진실   53
- 2.2.4 수소 설비 사고 사례   54

Chapter 3 수소 경제   56
- 2.3.1 수소 경제를 위한 인적 물적 자원   57
- 2.3.2 수소 경제   63
- 2.3.3 수소 경제의 해결 과제   68

Part 3. 액화 수소의 필요성 및 수소 액화기   70

Chapter 1 수소 사회로 가는 길   72
- 3.1.1 에너지 캐리어로서의 수소의 특장점   73
- 3.1.2 수소 활용에 있어 가장 큰 걸림돌   74
- 3.1.3 수소 활용의 국내 동향   75
- 3.1.4 저장과 운송 – 수소 경제 활성화 로드맵에서의 병목 구간   78

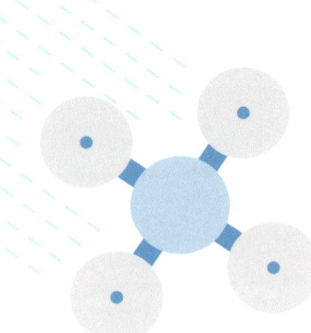

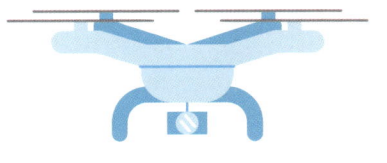

Chapter 2. 수소 액화의 기본 개념 — 84
- 3.2.1 열역학의 기본 개념 — 85
- 3.2.2 일반 냉동 사이클과 p-h 선도 — 86
- 3.2.3 수소의 기본적인 물성치 — 87
- 3.2.4 NIST의 리프롭(Refprop) 프로그램 — 88
- 3.2.5 수소의 액화 개념 — 90
- 3.2.6 LNG와 액화 수소의 물성 비교 — 92

Chapter 3. 수소 액화기 — 93
- 3.3.1 수소 액화기의 용량에 따른 분류 — 94
- 3.3.2 수소 액화기의 사이클 특성 — 95
- 3.3.3 전 세계 EPC 업체와 국내 액화 수소 플랜트 현황 — 108

Part 4. 수소 드론 시스템 설계 — 110

Chapter 1. 연료전지 시스템 — 112
- 4.1.1 구성 요소 — 113
- 4.1.2 수소 연료전지 시스템 구성 시 유의사항 — 115
- 4.1.3 수소 연료전지의 운전 조건 — 119

Chapter 2. 기체 설계 — 122
- 4.2.1 비행 이론 — 123
- 4.2.2 하드웨어 구성 — 133

Chapter 3. 수소 연료전지 드론 조립 — 141
- 4.3.1 조립 준비 — 142
- 4.3.2 조립 실습 — 144
- 4.3.3 조립 품질 테스트 — 148

Part 5. 수소 연료전지 드론의 관리와 정비 — 156

Chapter 1. 수소 연료전지 드론 관리 — 158
- 5.1.1 연료전지 관리 — 159
- 5.1.2 하이브리드 배터리 관리 — 161
- 5.1.3 수소 탱크 관리 — 161
- 5.1.4 수소 관리 — 165

Chapter 2. 수소 연료전지 드론 정비 — 166
- 5.2.1 시스템 상태 확인 — 167
- 5.2.2 수소 연료전지 드론의 정비 — 169

Appendix 부록 – 산업용 드론 제어 기능경기대회 — 178
Term Index 용어 색인 — 188
References 참고문헌 및 사진 출처 — 194

Part 1
연료전지

에너지의 발전은 우리 몸의 에너지 공급원인 곡식부터 석탄을 사용한 외연기관의 발달과 석유를 사용한 내연기관의 발달에 이르기까지 끊임없이 발전해 왔습니다. 4차 산업혁명 시대를 맞이한 지금, 인류는 수소라는 인류 최초의 원소를 사용해 에너지를 얻고자 노력하고 있습니다. 1부에서는 수소를 통해 에너지를 발생시키는 연료전지에 대해 알아보겠습니다.

Chapter 1 · 연료전지란?

수소 연료전지는 수소를 공기 중 산소와의 전기 화학 반응을 통하여 전기를 생성하는 장치입니다. 물을 전기 분해하면 전극에서 수소와 산소가 발생하는데, 연료전지는 이러한 전기분해의 역반응을 이용한 장치입니다.

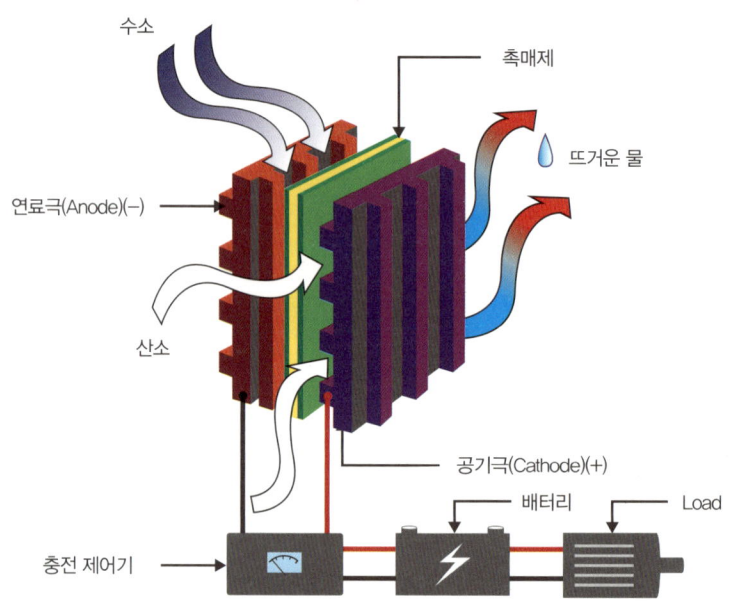

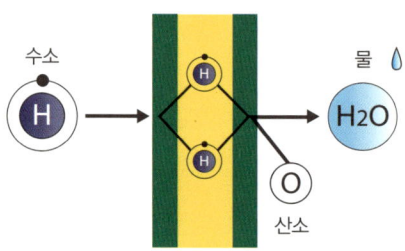

연료전지(Fuel Cell)는 연료(반응물)의 화학 에너지를 전기 화학적 반응을 통해 전기 에너지로 변환해 주는 장치입니다. 보통의 전지는 일정한 양의 화학 물질에서 나오는 화학 에너지를 전기 에너지로 전환하게 되지만, 연료전지의 경우 연료와 산소의 공급을 통한 화학 반응으로 전기를 지속적으로 발생시키는 것을 말합니다.

우리가 한 번 쓰고 나면 충전이 불가능한 전지는 '1차 전지', 재충전이 가능한 전지를 '2차 전지'라고 부릅니다. 이에 비해 연료전지는 메탄올, 화석 연료 등 여러 연료를 통해 발생하는 수소(Hydrogen)를 활용하고 지속적으로 전기를 만들어 내는 에너지 전환 장치로 3차 전지라고 부릅니다. 발전 효율이 높고 친환경적이기 때문에 미래의 에너지원으로 주목받고 있습니다.

1.1.1 세계 연료전지 시장 동향

다음 세계 연료전지 시장 규모 전망을 통해 연료전지에 대한 이해도를 높여 봅시다.

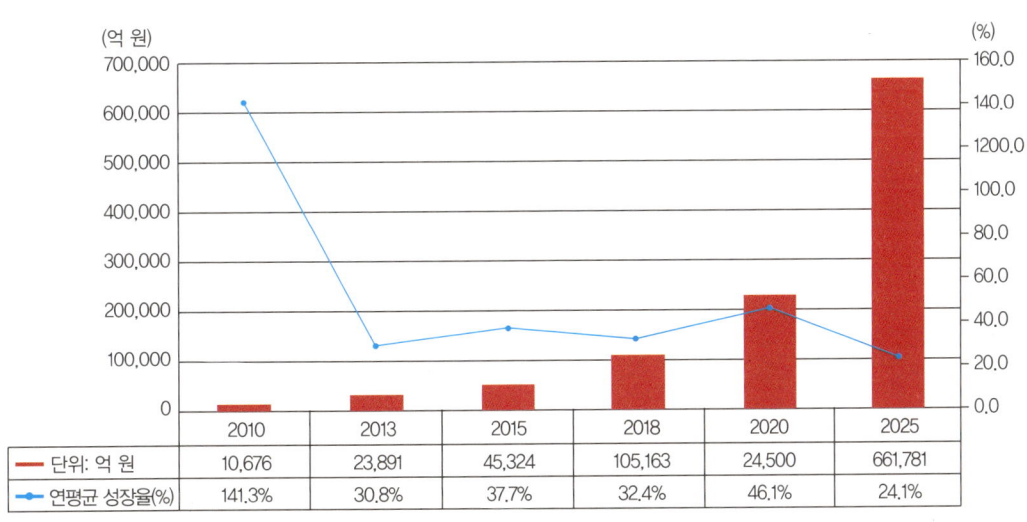

▲ [그림 1.1.1-1] 세계 연료전지 시장 규모 전망

[그림 1.1.1-1]에서 보는 것과 같이 세계 연료전지 시장은 2010년 1조 676억 원에서 2020년 2조 4,500억 원까지 지속적인 성장을 하였으며, 2025년에는 66조 1,781억 원에 이를 정도로 급속한 성장을 이룰 것으로 전망하고 있습니다.

세계 연료전지 산업체들은 산업경쟁력을 확보하기 위하여 치열하게 노력하고 있습니다. 하지만 아직 정부의 지원 없이는 시장에서 생존할 가능성이 매우 낮습니다. 최근 정부도 2030년까지 재생 에너지 발전량의 비중을 20%, 누적 설비 용량을 63.8GW까지 끌어올린다는 '재생에너지 3020'의 구체적인 이행 계획을 발표한 바 있습니다.

환경친화적 에너지 운반체인 수소가 에너지의 근간이 되어 탄소 경제를 대체하는 수소 경제 시대의 도래를 대비하여 현재 자동차, 전자, 에너지 및 화학 분야 글로벌 기업들이 연료전지 개발에 적극 참여하고 있습니다. 현재 휴대폰, PMP, 노트북 등에는 상용 리튬이온 전지를 사용하고 있는데, 용량과 안전성이 상충 관계에 있으며 에너지 용량 증가가 기술적으로 어려운 시점에 와 있습니다.

차세대 전지는 석유 등 자원 고갈의 문제, 지구 온난화 문제를 해결하기 위한 국제 사회의 노력 등에 힘입어 미래의 핵심 기술로 인식되고 있으며, 자동차, 로봇, 드론, 기존 송전 방식의 변화 등 차세대 성장 동력 산업에 큰 영향을 미칠 것으로 예상됩니다.

1.1.2 연료전지 소개

연료전지는 연료(수소, 메탄올, 바이오매스 가스 등)의 화학 에너지를 전기 화학 반응을 통해 전기 에너지로 직접 변환하는 발전 장치를 말합니다. 이러한 연료전지는 일반 전지에 비해 발전 효율이 높고, 촉매 반응 과정의 배출 열을 활용하면 전체 연료의 최대 80% 이상까지 에너지로 바꿀 수 있어 자원을 효율적으로 사용할 수 있습니다.

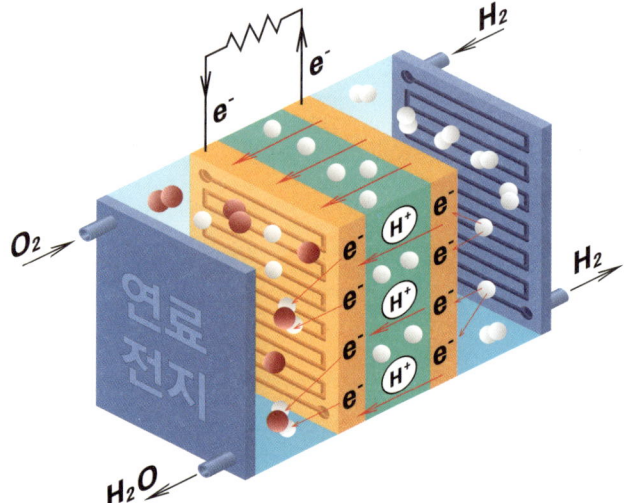

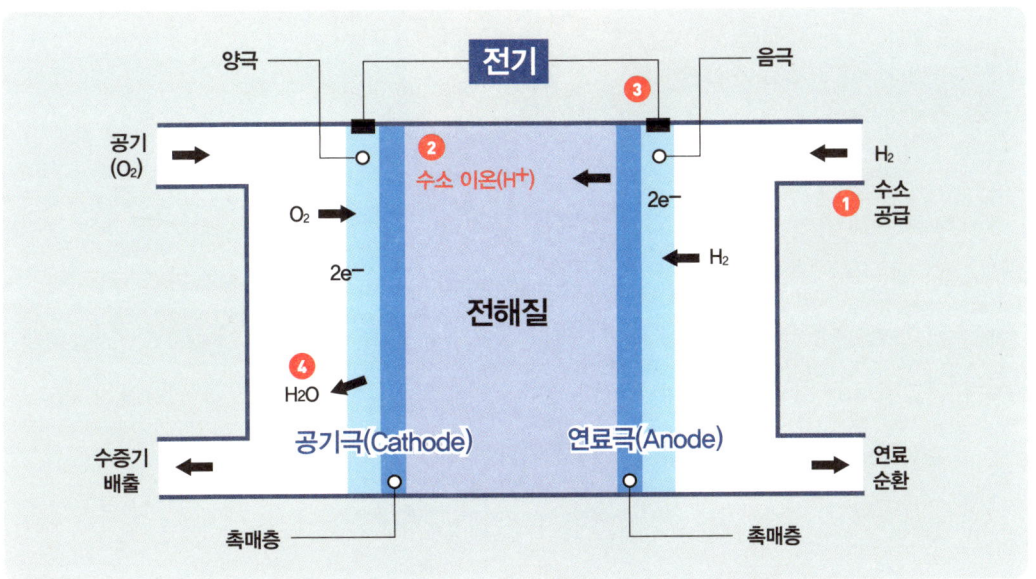

① 연료극에서 수소가 수소 이온과 전자로 분해된다.
② 수소 이온은 전해질을 거쳐 공기극으로 이동한다.
③ 전자는 외부 회로를 거쳐 전류를 발생시킨다.
④ 공기극에서 수소 이온과 전자, 산소가 결합되어 물이 된다.

[그림 1.1.2-1] 연료전지의 구조

• 스택

스택은 수소 연료전지의 본체로, 스택에는 여러 개의 셀(Cell)이 직렬로 연결되어 있으며 각 셀에서 수소와 공기 중의 산소로 직류 전기와 순수한 물 그리고 부산물인 열을 발생시킵니다.

연료전지의 종류에 대해서는 2장(18쪽)에서 자세히 소개합니다. 오늘날에는 용융탄산염형 연료전지(MCFC), 고분자 전해질 연료전지(PEMFC), 고체 산화물 연료전지(SOFC), 직접메탄올 연료전지(DMFC), 인산형 연료전지(PAFC) 등 다양한 종류의 연료전지가 개발되어 있습니다.

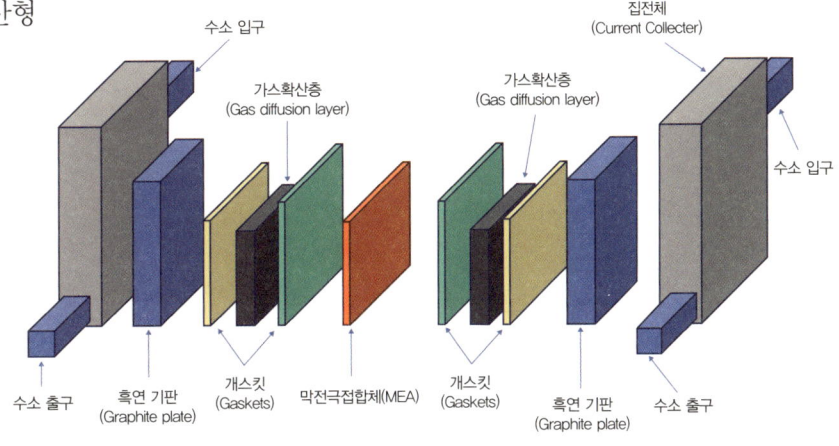

[그림 1.1.2-2] 셀 스택의 구성

연료전지는 대표적으로 수소를 연료로 이용하고 있으므로 연료전지라고 하면 수소 연료전지를 일컫는 경우가 많습니다.

우리는 물을 전기 분해하여 수소와 산소로 분해할 수 있는데, 이것을 역으로 이용하면 수소와 산소에서 전기 에너지를 얻어 낼 수도 있습니다. 화력 발전은 원자력이나 화력 등을 통해 물을 가열하고 그 증기를 통해 터빈을 돌려 발전기를 가동시키게 됩니다. 하지만 각 단계를 거칠 때마다 에너지가 손실되기 때문에 효율은 30~40% 정도에 그치고 있습니다. 하지만 연료전지의 경우 중간에 발전기와 같은 장치를 사용하지 않고 직접 생산하기 때문에 발전 효율이 50% 이상으로 매우 높으며, 최근에는 발전 효율을 높이기 위한 기술들이 개발되고 있습니다.

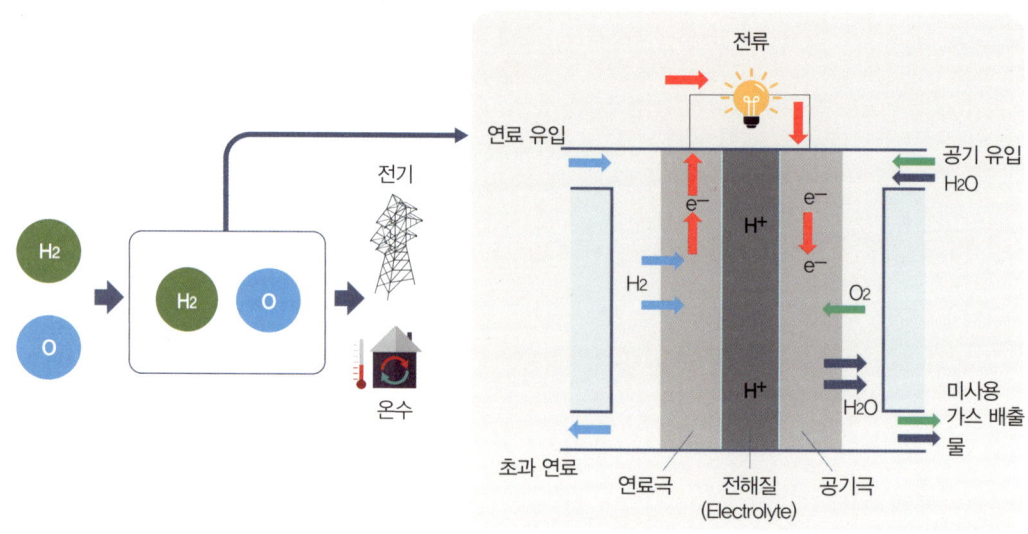

[그림 1.1.2-3] 연료전지의 발전 과정

1.1.3 수소 연료전지의 장점

수소 연료전지의 장점은 크게 다섯 가지로 정리할 수 있습니다.

• 수소 연료전지가 주목받는 이유

❶ 고효율

수소를 활용한 연료전지는 50% 이상의 높은 효율을 보이는데, 화학 에너지가 전기 에너지와 열로 직접 변환되기 때문에 단계를 거칠수록 에너지가 소모되는 화력 발전 시스템 등에 비해 효율이 높습니다.

❷ 소규모 발전 가능함

기존 발전소의 경우, 대규모 부지가 필요해 입지 선정 등에 불리하며, 도심에서 멀리 떨어져 위치해야 했습니다. 이에 따라 전기 생산지(도심 외곽)와 소비지(도심)가 멀리 떨어져 있어 송전 손실이 많이 발생하지만, 연료전지 발전소는 도심 내 소규모 건설이 가능합니다.

❸ 친환경적임

화석 연료 기반의 발전 시스템에 비해 질소산화물, 이산화탄소 등 온실가스 배출을 획기적으로 줄일 수 있습니다.

❹ 소음이나 진동이 적음

기존의 발전소 대비 구동부가 적고 소음 및 진동이 적습니다.

❺ 다양한 연료 사용이 가능함

연료전지는 메탄올, 천연가스, 바이오매스 가스 등과 같은 다양한 물질을 통해 수소를 생산할 수 있습니다.

1.1.4 수소 연료전지의 단점

수소 연료전지의 단점은 크게 네 가지로 정리해볼 수 있습니다.

• 수소 연료전지의 문제

❶ 고비용

여러 가지 원인이 있을 수 있지만, 연료전지는 고가의 백금같은 촉매제 등을 사용하기 때문에 비용이 높습니다. 또한 수소 생산 비용과 저장 및 운송 기술 등의 성숙도가 낮아 비용이 많이 발생합니다.

❷ 친환경 수소 대량 생산의 어려움

연료전지에 사용되는 연료인 수소의 경우 친환경적이지만, 수소를 생산할 때 온실가스가 배출된다면 친환경적이라고 볼 수 없을 것입니다. 아이러니하게도 수소를 생산할 수 있는 방법 자체는 많지만 친환경적인 방법이라 할 수 있는 전기 분해는 경제성이 낮아 아직까지는 화석 연료를 가공하는 방법이 최선입니다. 화석 연료로부터 수소를 생산하면 오염 물질과 온실가스 등이 필연적으로 발생하므로 친환경적인 수소 생산 방법에 대한 연구가 필수적입니다.

❸ 열화 발생

화석 에너지로 물을 끓인 후 증기로 터빈을 돌려 발전하는 화력 발전에 비해 화학 에너지를 변환하는 것이므로 촉매와 전해질 등의 열화 문제가 발생합니다.

❹ **인프라 부족**

수소의 생산, 운송, 보관, 사용 등 일련의 과정이 아직 미흡합니다. 아직 개발이 지속적으로 이루어지고 있기 때문에, 기술적 신뢰성과 내구성 등의 문제가 있으며, 고압 수소에 대한 일반인들의 불안감도 해결해야 할 문제입니다.

1.1.5 연료전지의 구성 요소

연료전지는 전해질과 전극으로 구성된 단위 전지가 여러 층으로 연결되어 구성됩니다. 그 구성 요소를 좀 더 자세히 알아보면 다음과 같습니다.

• 막전극 접합체(Membrane Electrode Assembly)

수소 연료전지 원가의 약 40%의 비중을 차지합니다.

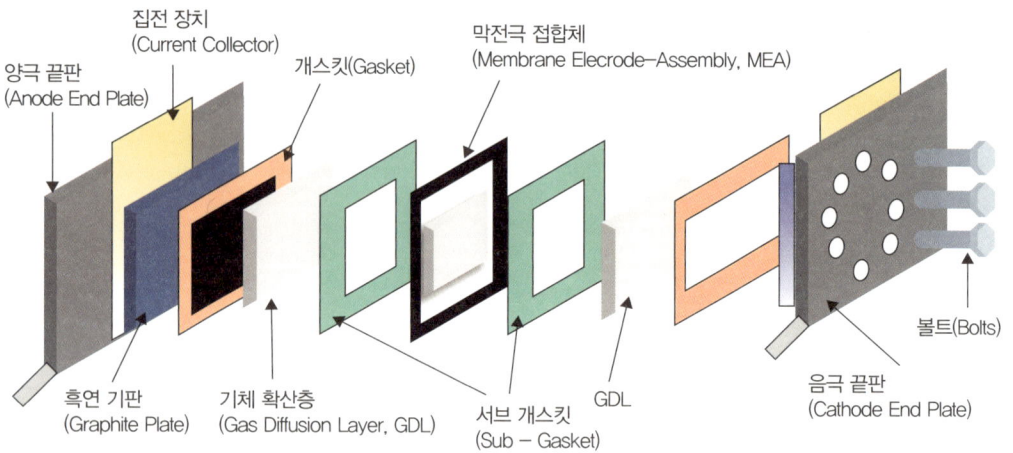

[그림 1.1.5-1] 막전극접합체의 구성 요소

• 전해질

연료전지에 사용되는 전해질(Eletrolyte)은 특정 이온에 대하여 전도성이 높은 물질을 사용하며, 전해질 내에서 이온의 이동 속도는 전해질막 양면의 전기 화학적 전위의 차이에 의하여 결정됩니다. 현재 사용되는 연료전지의 전해질로는 수소 이온(H^+) 전도성 고분자 전해질막, 인산용액, 산소 이온 전도성 고체 산화물(세라믹)막, 탄산 이온을 투과시키는 용융탄산염, OH^- 전도성 알칼리 수용액이 있습니다.

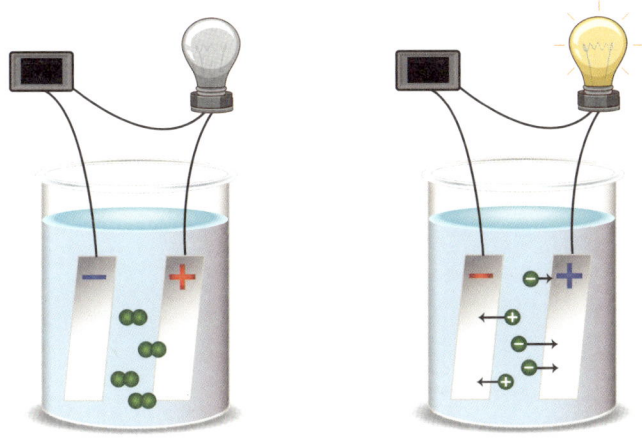

[그림 1.1.5-2] 전해질

• **다공성 전극**

　연료전지 전극은 전극/전해질 계면의 반응 면적을 넓히고, 반응 및 생성 가스의 통로를 제공하기 위하여 다공성(Porous)으로 제작됩니다. 전극 반응은 전해질, 전극 및 반응물이 만나는 곳에서 일어나는데, 연료전지의 성능을 향상시키기 위해서는 만나는 면의 면적을 증가시켜야 하며, 이를 위해 전해질 물질이 전극층에 일부 혼합된 형태로 사용됩니다. 전극 물질은 전기화학 반응을 잘 일어나게 하는 촉매이면서 전기 전도성이 있는 물질을 사용합니다.

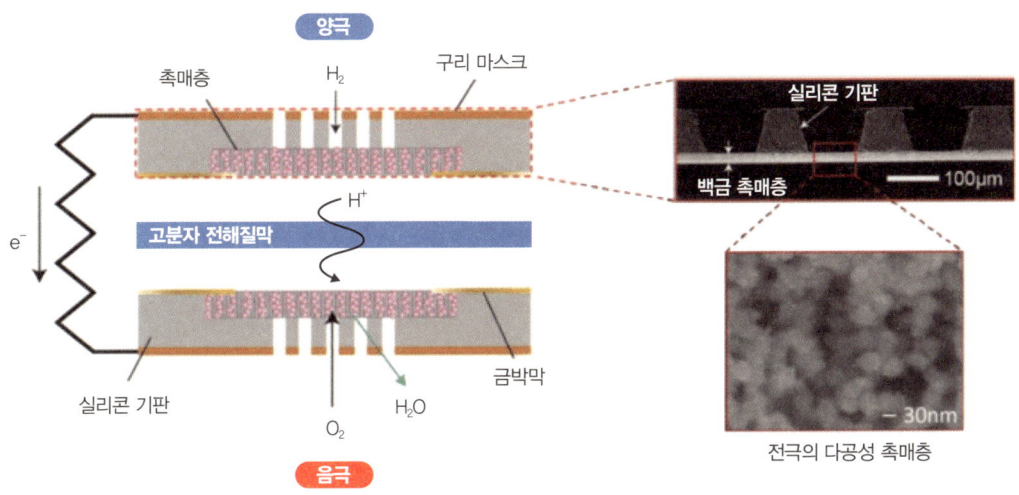

[그림 1.1.5-3] 다공성 전극

- **촉매층**

촉매층(Catalyst Layer)은 연료전지의 양극 표면이나 음극 표면에 설치되며 전기 화학 반응의 반응 속도를 높이고, 연료전지의 에너지 변환효율을 높이기 위해 사용됩니다. 촉매는 일반적으로 귀금속이 사용되고, 귀금속 중에서도 높은 전위에 안정하며, 활성이 높은 백금, 팔라듐 등이 주로 사용됩니다.

- **가스 확산층**

가스확산층(Gas Diffusion Layer)은 공기를 촉매층 전극에 골고루 확산시키기 위해 다공성 형질의 소재를 사용하고, 발전 효율을 높이기 위해 촉매에 균일하게 수소와 산소를 잘 공급할 수 있도록 높은 확산성을 가진 소재를 사용하며 반응에 필요한 전자나 생성되는 전자를 잘 전도해야 하기 때문에 높은 전기전도성이 필요합니다.

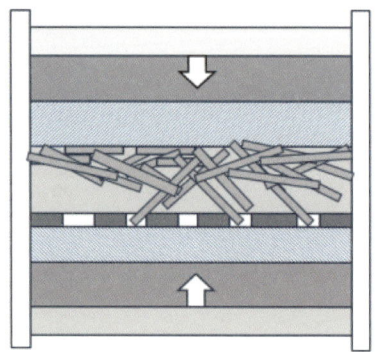

[그림 1.1.5-4] 가스 확산층

- **개스킷**

연료전지의 개스킷(Gasket)은 공급된 수소와 산소가 섞이지 않고 전기 화학 반응이 일어나는 전극으로 전달하기 위해 전해질막과 분리판 사이의 공간을 밀봉하는 부품을 말합니다.

[그림 1.1.5-6] 개스킷

- **분리판**

연료전지의 스택은 전극 및 전해질로 구성된 단위 전지가 여러 장 서로 연결되어 구성됩니다. 분리판(Separator Plate)은 평판형 단위 전지에 연료와 산화제를 각각 균일하게 공급하면서 단위 전지를 전기적으로 연결하는 역할을 합니다. 따라서 전기전도성이 뛰어난 금속을 주로 사용하고 있습니다.

[그림 1.1.5-7] 분리판

Chapter 2
연료전지의 종류 및 활용

Hydrogen Fuel Cell Drone

연료전지는 전해질의 종류에 따라 고분자 전해질 연료전지, 인산형 연료전지, 용융탄산염형 연료전지, 고체 산화물 연료전지, 알칼리 연료전지, 직접메탄올 연료전지 등으로 구분되며, 각각 작동 온도, 출력 값 등이 다릅니다.

폴리머 전해질막 연료전지
(PEM, Polymer Electrolyte Membrane)

- ○ - 수소 H_2
- ○ - 양성자 H^+
- ● - 산소 O_2
- ● - ½ 산소 O_2

전자의 흐름
e^-

가스 확산층

O_2

FUEL CELL

H_2O

공기극(Cathode)(+)

폴리머 전해질막(PEM)

연료극(Anode)(−)

H_2

가스 확산층

연료전지는 전해질, 연료, 작동 온도 그리고 촉매 등에 따라 다양한 종류가 있으며, 그 종류에 따라 수송용, 휴대용, 발전용 등으로 사용됩니다. 1955년 미국에서 처음으로 개발된 이래 우주선, 자동차, 드론, 잠수함, 여객선 등 모빌리티 시장에서 큰 성장을 했고 소형 가전 기기부터 건물에 이르기까지 발전 시장에서도 활발히 성장하고 있습니다.

1.2.1 연료전지의 종류

현재는 다양한 형태의 연료전지 기술이 활발히 개발되고 있습니다. 대표적으로 전해질의 종류에 따라 직접메탄올 연료전지(Direct Methanol Fuel Cell, DMFC), 고분자 전해질막 연료전지(Polymer Electrolyte Membrane Fuel Cell, PEMFC), 인산형 연료전지(Phosphoric Acid Fuel Cell, PAFC), 용융탄산염형 연료전지(Molten Carbonate Fuel Cell, MCFC), 고체 산화물 연료전지(Solid Oxide Fuel Cell, SOFC), 알칼리 연료전지(Alkaline Fuel Cell, AFC)) 등으로 구분됩니다.

[표 1.2.1-1] 연료전지의 종류에 따른 특징

종류/특징	고온형 연료전지		저온형 연료전지			
구분	용융탄산염형 연료전지 (MCFC)	고체 산화물 연료전지 (SOFC)	인산형 연료전지 (PAFC)	알칼리 연료전지 (AFC)	고분자 전해질막 연료전지 (PEMFC)	직접메탄올 연료전지 (DMFC)
작동 온도	550~700℃	600~1,000℃	150~250℃	50~120℃	50~100℃	50~100℃
주촉매	페브로스키테 (Perovskites)	니켈	백금	니켈	백금	백금
전해질의 상태	알칼리(Li/K) 카보네이트 혼합물	GDC 전해질	인산(H_3PO_4)	수산화칼륨 (KOH)	이온 교환막	이온 교환막
전해질 지지체	GEL	고체	다공성 탄화규소 메트릭스	–	폴리머	폴리머
전하 전달 이온	CO_3^{2-}	O^{2-}	H^+	OH^-	H^+	H^+
가능한 연료	H_2, CO (천연가스)	H_2, CO (천연가스)	H_2, CO (천연가스)	H_2	H_2 (천연가스)	메탄올
외부 연료 개질기의 필요성	×	×	○	○	○	○
효율(%LHV)	50~60	50~60	40~45	–	< 40	–
주용도	대규모 발전, 중소 사업소 설비	대규모 발전, 중소 사업소 설비, 이동체용 전원	중소 사업소 설비, BIOGAS PLANT	우주 발사체 전원	수송용 전원 가정용 전원 휴대용 전원	휴대용 전원

종류/특징	고온형 연료전지		저온형 연료전지			
구분	용융탄산염형 연료전지 (MCFC)	고체 산화물 연료전지 (SOFC)	인산형 연료전지 (PAFC)	알칼리 연료전지 (AFC)	고분자 전해질막 연료전지 (PEMFC)	직접메탄올 연료전지 (DMFC)
특징	발전 효율 높음, 내부 개질 가능, 열병합 대응 가능	발전 효율 높음, 내부 개질 가능, 복합발전 가능	CO 내구성 큼, 열병합 대응 가능	–	저온 작동 고출력 밀도	저온 작동 고출력 밀도
과제	재료 부식 용융염 휘산	고온 열화	재료 부식, 인산 유출	전해질에서 누수 현상 방지	고온 운전 불가능, 재료비/가공비 높음 (고가의 촉매 및 전해질), 낮은 효율	고온 운전 불가능, 재료비/가공비 높음, 메탄올 크로스 오버문제

• 직접메탄올 연료전지

직접메탄올 연료전지((Direct Methanol Fuel Cell, DMFC)는 메탄올이 연료극을 통과할 때 촉매와 반응해 전기를 발생하는 전지로, 노트북, 휴대전화와 같은 모바일 기기용 전원으로 사용되는 리튬 이온 전지나 리튬-고분자 전지와 달리, 직접 충전은 할 수 없지만, 메탄올만 공급해 주면 쓰는 시간을 크게 늘릴 수 있습니다. 직접메탄올 연료전지는 고농도 메탄올을 쓸수록 더 작은 크기의 전지와 똑같은 출력을 얻을 수 있고, 더 낮은 온도에서도 쓸 수 있습니다. 하지만 메탄올 농도를 높이면 메탄올을 흡수해 부풀어 오르는 현상이 생기고 연료전지의 효율이 떨어지는 문제가 있습니다.

Anode: $CH_5OH + H_2O \rightarrow CO_2 + 6H^+ + 6e^-$ $E°_{anode} = 0.045V$
Cathode: $1.5O_2 + 6H^+ + 6e^- \rightarrow 3H_2O$ $E°_{cathode} = 1.23V$
전체 반응: $CH_5OH + 1.5O_2 + H_2O \rightarrow CO_2 + 3H_2O$ $E°_{cell} = 1.185V$

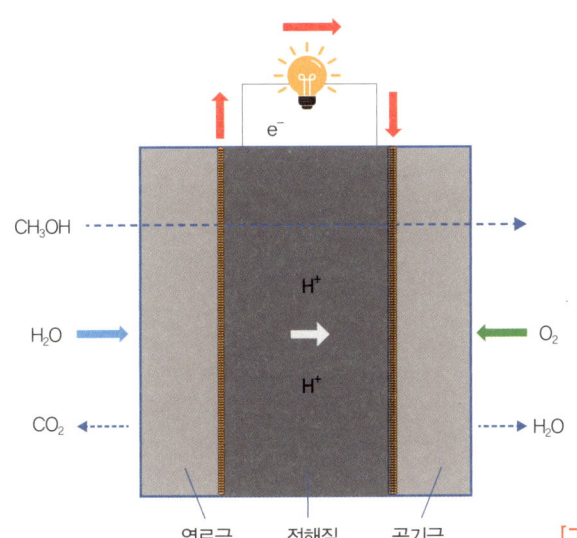

[그림 1.2.1-1] 직접메탄올 연료전지(DMFC)의 개념도

• 고분자 전해질 연료전지

고분자 전해질 연료전지(Polymer Electrolyte Membrane Fuel Cell, PEMFC)는 촉매로 귀금속인 백금을 사용하고, 100℃ 미만의 저온 범위, 연료로는 수소를 사용하지만 경우에 따라 메탄올이나 천연가스를 사용합니다. 반응물로 물만을 생성해 공해를 일으키지 않는 장점이 있지만, 충전 시 많은 시간이 필요하고 에너지 밀도가 높아 자동차 동력원으로 사용이 가능합니다.

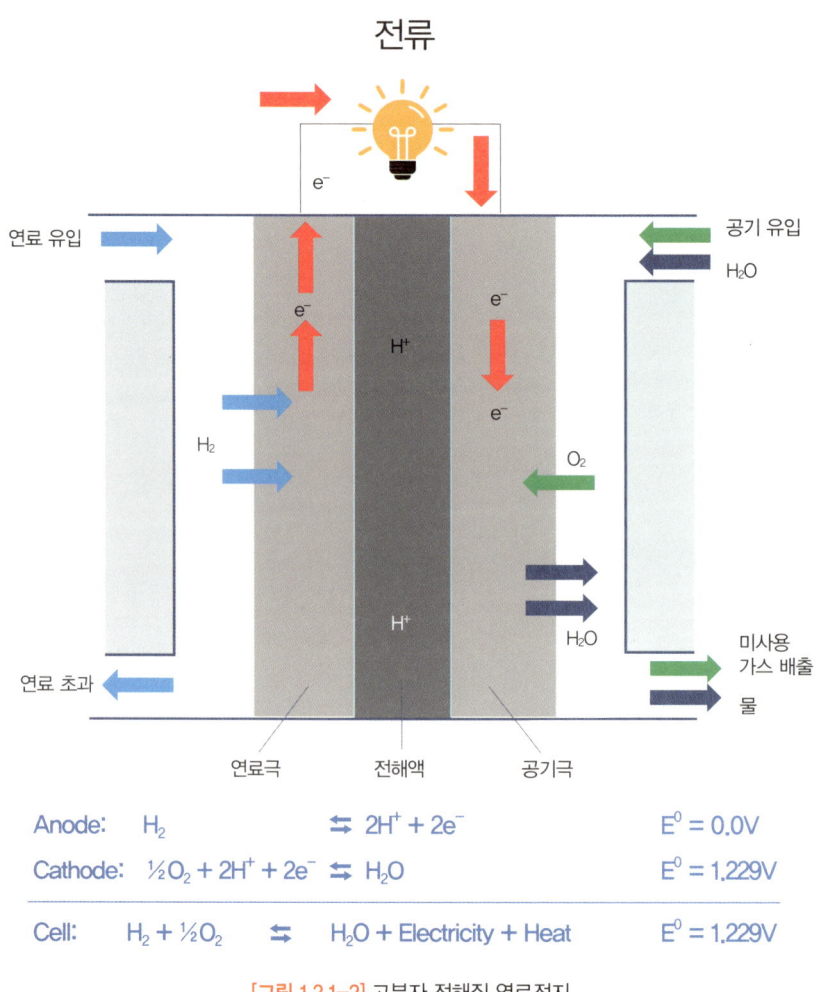

[그림 1.2.1-2] 고분자 전해질 연료전지

고분자 전해질 연료전지의 경우, 가장 큰 걸림돌은 화학적으로 안정적이고 뛰어난 성능을 발휘하는 백금을 사용한다는 점입니다. 100℃ 정도의 저온에서 작동되는 고분자 전해질 연료전지에서는 백금이 압도적인 성능을 보이기 때문에 비싼 가격에도 사용될 수밖에 없는데 백금의 가격이 비싸 경제성 확보에 어려움을 겪고 있습니다. 그래서 이를 극복하고자 백금을 대체하거나 사용량을 최소로 하는 기술이 개발되고 있습니다. 최근 들어 백금과 비슷한 전자 구조를 구현하도록 여러 금속을 혼합하는 합금 방법과 그래핀(Graphene) 등의 비금속 계열 신소재를 사용하는 방법도 논의되고 있습니다.

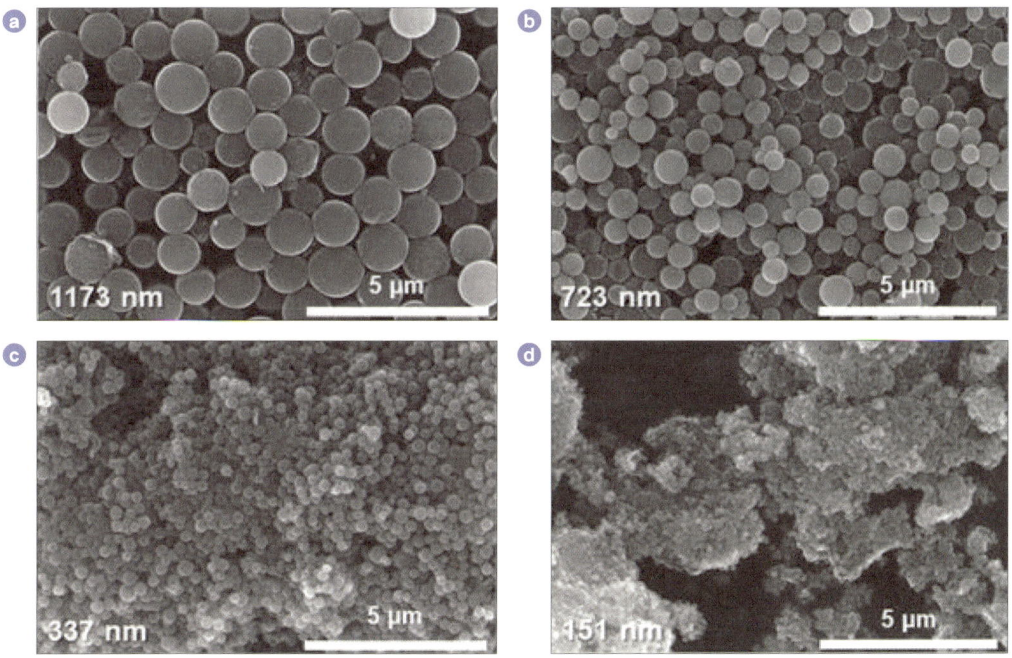

[그림 1.2.1-3] 구형 촉매의 주사 전자현미경 이미지(GIST 박찬호 교수 연구팀)

• 인산형 연료전지

인산형 연료전지(Phosphoric Acid Fuel Cell, PAFC)의 전해질은 인산, 전극은 카본지(Carbon Paper), 촉매는 백금을 사용합니다. 전해질인 인산은 전도성이 낮지만, 안정도가 높고, 연료전지에 적합한 수명을 갖는 유일한 물질로 알려져 있습니다. 또한 증기압이 낮아 40℃에서 응고되기 쉬우므로 운전 온도는 150~200℃ 정도이며, 순수 발전 시 40% 내외, 열병합 발전 시 최대 85%까지 효율을 높일 수 있습니다. 인산의 가격이 싸고 매장량이 많기 때문에 오래전부터 사용해 기술의 발전이 많이 이루어져 장시간 사용 시에도 안정된 성능을 보장합니다. 그러나 지속적으로 공급되는 액체 전해질의 부식성, 고가의 백금 촉매 등을 사용해야 한다는 단점이 있습니다.

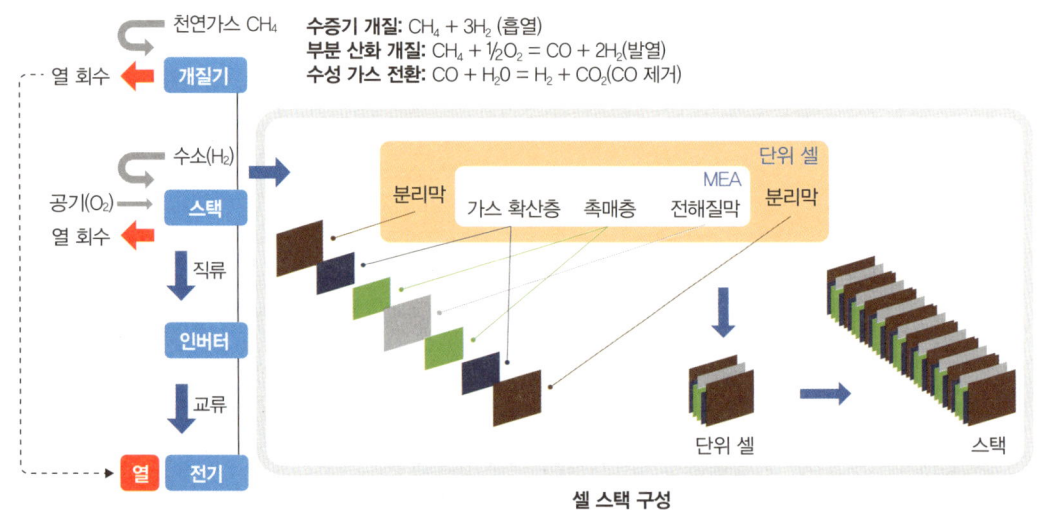

[그림 1.2.1-4] 인산형 연료전지(PAFC)

• **용융탄산염형 연료전지**

　용융탄산염형 연료전지(Molten Carbonate Fuel Cell, MCFC)는 용융탄산염을 다공 세라믹 매트릭스에 녹인 것을 전해질로 사용합니다. 백금 촉매 대신 니켈 촉매 사용으로 경제성이 높고, 열병합 발전에 유리합니다. 그러나 전해질이 액체이기 때문에 장시간 운전하는 경우, 용융탄산염이 증발하면서 전해질의 양이 줄어들어 장기적으로 성능을 저하시키는 원인으로 작용합니다.

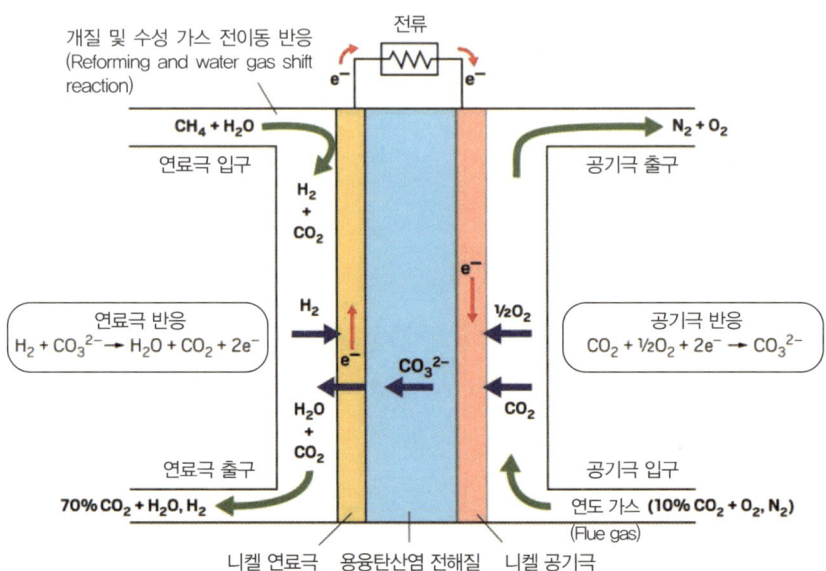

[그림 1.2.1-5] MCFC 연료전지의 원리(출처: c&n(https://cen.acs.org))

[그림 1.2.1-6] FCE 사의 MCFC 발전 시스템

구분	도시형	선박용	백업용	중대형
잠재 고객	병원, 대형 빌딩, 아파트 등	선박회사	IDC, 산업단지, 놀이 공원 등	발전사, 집단 에너지 사업체
도입 요인	친환경 건축물 도입 확대 및 설치 의무화	고효율 및 친환경 선박 대응 기술로 부상	고신뢰성으로 연료전지 백업 시스템 도입 확산	대단위 에너지 공급 및 효율 극대화, RPS
시장 규모	400MW(국내)	50,000MW(전 세계)	50,000MW(국내)	대형화, 터빈 연계
R&D 대상	소형화, 부하 추종	소형화, 내진 설계	부하 추종, 고속 스위칭	대형화, 터빈 연계
R&D 기간	3년	4년	2년	4년

[그림 1.2.1-7] 용융탄산염형 연료전지의 응용 분야

• 고체 산화물 연료전지

고체 산화물 연료전지(Solid Oxide Fuel Cell, SOFC)는 산소 이온에 대한 전도성이 있는 금속산화물을 전해질로 사용하며, 작동온도는 금속산화물이 산소 이온에 대해 충분한 전도성을 가질 수 있도록 800℃ 이상입니다. 전해질은 지르코니아 등 수소 또는 산소 이온이 통과할 수 있는 고체산화물을 활용하며, 연료의 융통성, 비귀금속 촉매, 완전한 고체상의 전해질 등의 장점이 있습니다. 그러나 가장 큰 단점은 작동 온도가 높아져 시동 시간이 길고 기계 및 화학적 호환성 문제가 발생한다는 것입니다.

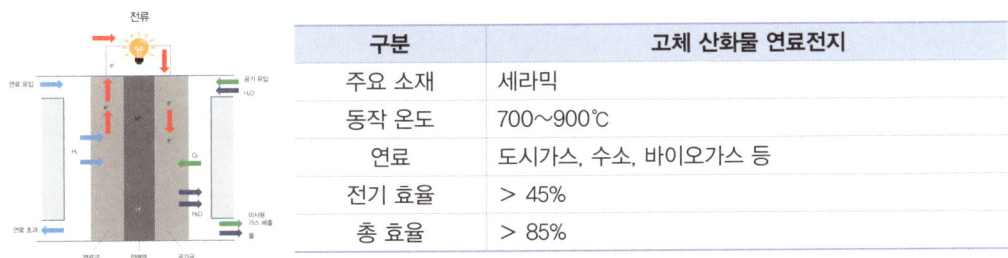

구분	고체 산화물 연료전지
주요 소재	세라믹
동작 온도	700~900℃
연료	도시가스, 수소, 바이오가스 등
전기 효율	> 45%
총 효율	> 85%

연료전지는 연료와 산소의 전기 화학 반응으로 직접 전기를 발생시키는 저탄소 고효율 신에너지원

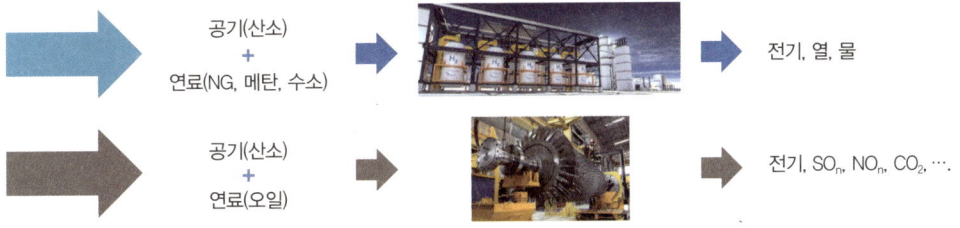

[그림 1.2.1-8] 고체 산화물 연료전지(SOFC)

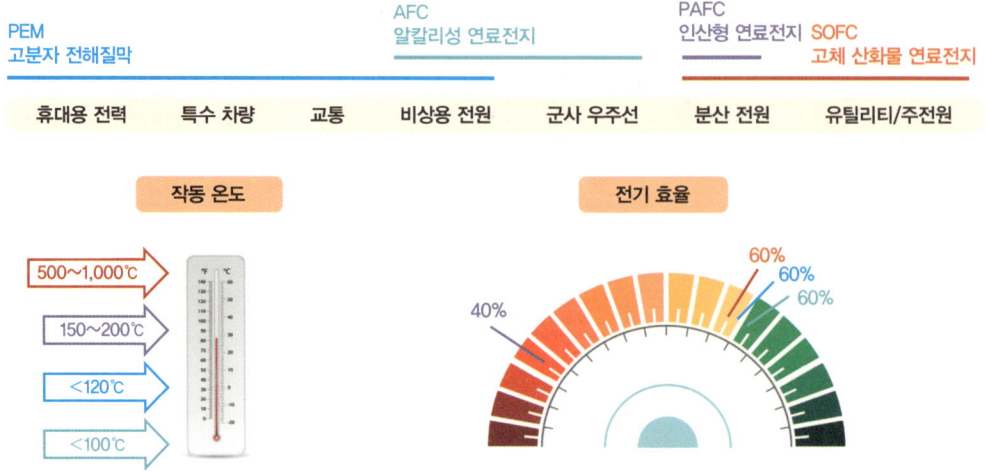

[그림 1.2.1-9] 연료전지의 종류별 특징

[그림 1.2.1-9]는 고분자 전해질막, 알칼리성 연료전지, 인산형 연료전지, 고체 산화물 연료전지 등 주요 연료전지의 특성을 알기 쉽게 보여 주는 자료입니다.

1.2.2 연료전지의 활용

연료전지는 모빌리티 및 발전에서 다양하게 활용될 수 있습니다. 연료전지는 아폴로 우주선에 탑재되어 활용되었고, 잠수함에서 동력원으로 이용되었습니다. 연료전지 시스템이 장착된 수소 연료전지 전기차는 2013년 현대자동차가 양산한 이후로 일본 토요타에서 미라이 등이 판매되었고 2018년에는 현대자동차에서 2세대 수소 전기차인 넥쏘를 발매하고 현재 활발하게 시장을 형성하고 있습니다. 발전 용도의 연료전지도 다양하게 개발되고 있는데, 연료전지를 활용한 발전 기기는 우주선 또는 기상 센터와 같이 동떨어진 곳에서 전력을 공급하기 위한 용도로 활용할 수 있습니다. 전자 기기의 전력원으로 활용할 수 있지만, 경제성 및 수소의 생산 및 저장의 이유로 상용화되진 않았습니다.

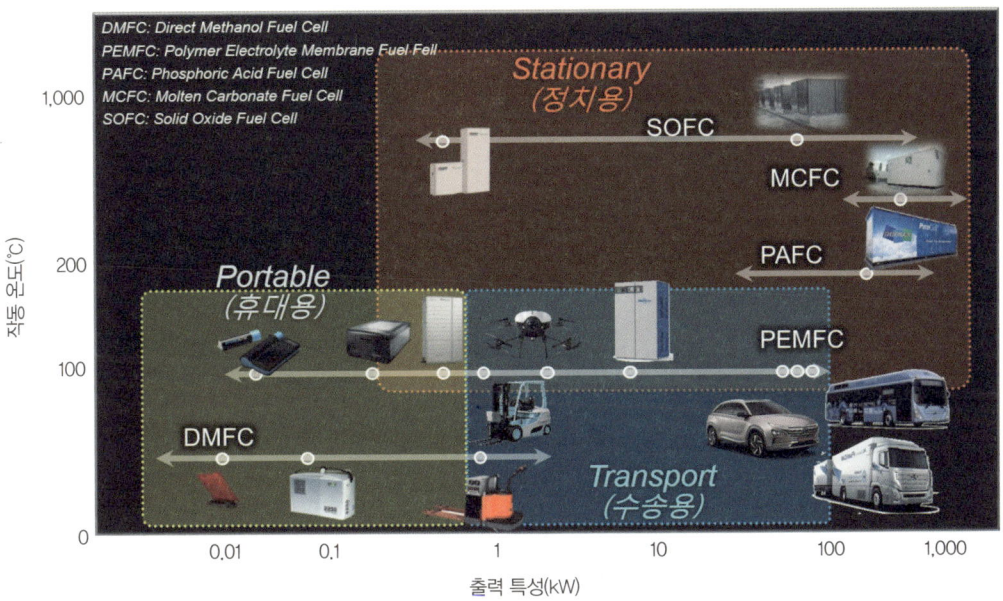

[그림 1.2.2.-1] 연료전지 활용 가능 분야

• 연료전지의 출력별 분류와 활용

❶ 소형 연료전지

소형 연료전지는 출력이 10kW 미만의 연료전지를 말합니다. 주로 소형 드론과 전기 자전거의 전력원 그리고 휴대용 연료전지의 목적으로 가장 많이 사용되며, 목적에 따라 연료전지를 사용한 소형 선풍기나 장난감 자동차의 동력원 등의 교육 목적으로 사용되고 있습니다.

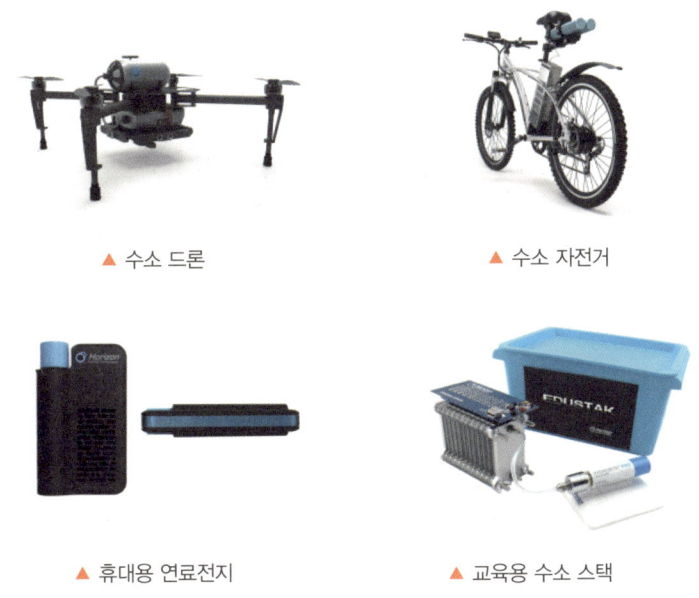

[그림 1.2.2.-2] 소형 연료전지(출처: Intelligent Energy, Horizen Fuel Cell)

❷ 중형 연료전지

중형 연료전지는 10kW~200kW 출력의 연료전지로, 주로 건물 발전용이나 차량용 연료전지로 많이 사용되며 소형 선박의 비상 전원으로도 사용됩니다. 최근에는 PAV(유인 드론) 및 유인여객기 분야에서도 탄소 배출이 없는 수소 모빌리티 개발에 힘쓰고 있습니다.

 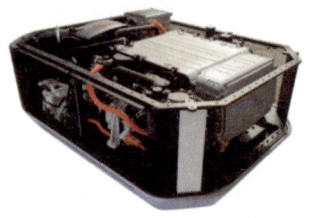

▲ 100kW 수소 연료전지 시스템(모빌리티용)　▲ 95kW 수소 연료전지 시스템(모빌리티용)

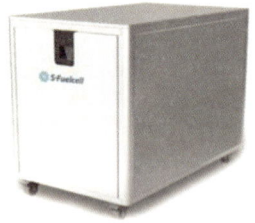 

▲ 50kW 수소 연료전지 시스템(건물용)　▲ 100kW 수소 연료전지 시스템(모빌리티용)

[그림 1.2.2.-3] 중형 연료전지(출처: Intelligen Energy, 현대, 에스퓨얼셀, Horizen Fuel Cell)

❸ 대형 연료전지

대형 연료전지는 200kW~수십 MW의 출력의 연료전지로, 대용량 발전 및 대형 선박의 보조 전원으로 사용됩니다.

[그림 1.2.2.-4] 대용량 발전 시스템

❹ **항공용**

[그림 1.2.2.-5] 호그린에어 HG-GH1800

[그림 1.2.2.-6] 에어버스 수소 여객기 예상도

가벼운 무게와 우수한 연소 성질 및 전력 생산 시 온실가스 배출이 없는 성질을 가진 수소는 비행기에 이상적인 연료입니다.

❺ **차량용**

수소 화물차는 국내 기술력으로 대략 190kW의 연료전지 시스템과 35kg의 수소 탱크 등을 탑재하여 1회 충전 기준 약 400km를 주행할 수 있습니다.

수소 화물차는 공공 부문의 쓰레기 수거차, 청소차, 살수차에 적용하고, 물류 등 민간 영역까지 단계적으로 확대할 계획입니다.

[그림 1.2.2.-7] 현대 수소 화물차

수소 버스는 국내 기술력으로 대략 190kW의 연료전지 시스템과 33kg의 수소 탱크 용량 등을 탑재하여 1회 충전 기준 약 474km를 주행할 수 있습니다.

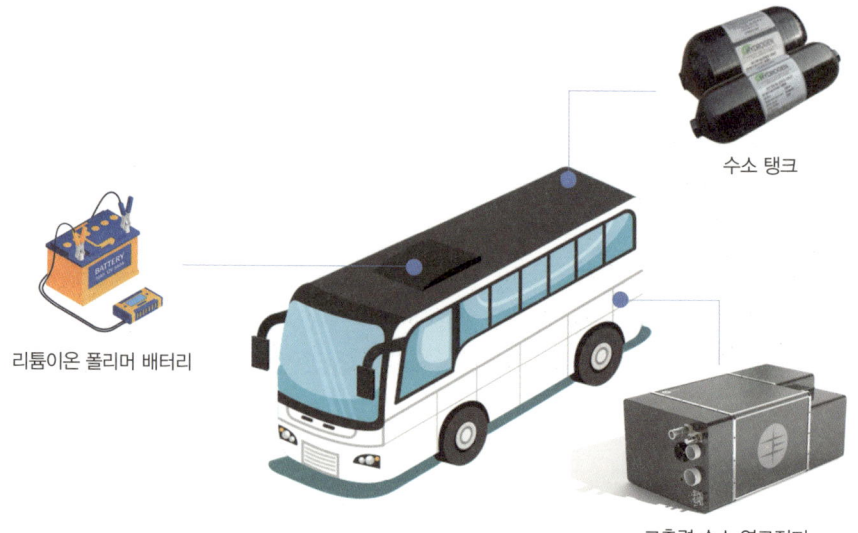

[그림 1.2.2.-8] 수소 버스 구성도

❻ 기차용

수소 기차는 독일에서 처음 도입되어 사용 중이며 최대 시속 140km, 1회 충전 시 약 1,000km를 운행할 수 있습니다. 향후 모든 기차가 수소 연료로 완전히 대체할 경우 열차당 연 330톤의 이산화탄소 배출을 억제할 것으로 예측하고 있습니다.

[그림 1.2.2.-9] 독일 튀링겐의 알스톰 수소 열차

❼ 선박용

수소 선박이란, 친환경 에너지 또는 연료를 동력원으로 사용하거나 해양오염 저감 기술 또는 선박 에너지 효율 향상 기술을 탑재한 선박을 말합니다.

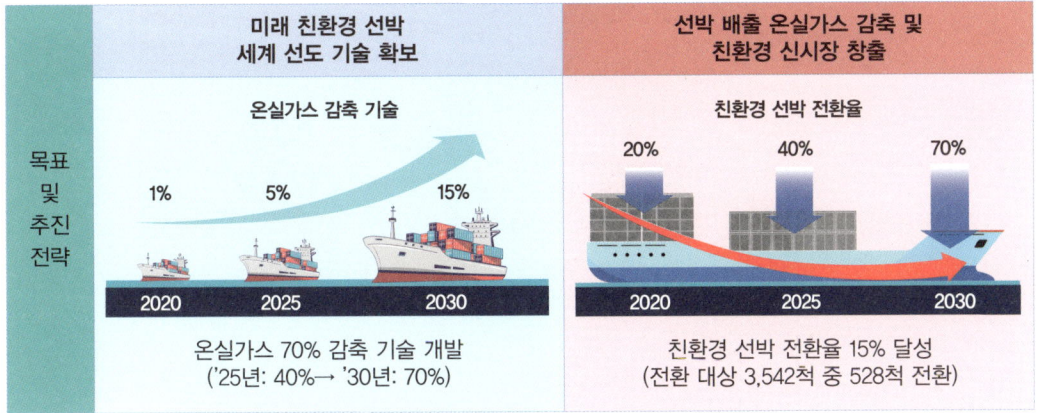

▲ Greenship-K 프로젝트와 비전 및 추진 전략(해양수산부)

[그림 1.2.2.-10] 수소 선박 추진 전략

수소 등을 사용하여 발생시킨 전기에너지를 이용한 연료전지 선박이나 수소, 암모니아, 액화천연가스(LNG) 등 친환경 에너지를 연료로 움직이는 선박 등을 모두 친환경 선박이라 부릅니다. 수소 선박은 내연기관 선박에 비해 효율이 높고, 소음, 진동 감소 및 유연한 설계가 가능합니다.

⑧ 잠수함용

디젤 잠수함에서 디젤을 돌리려면 공기가 필요하기 때문에 1~2일에 한 번은 해수면 위로 올라와 파이프를 올려 공기를 들이는데, 이때 적에게 많이 노출됩니다.

수소 잠수함은 수소를 금속과 결합한 고체 상태로 보관하고, 수소 연료전지를 가동할 때 열만 가하면 수소를 바로 공급받아 사용할 수 있어서 오랜 시간 잠수가 가능하다는 장점을 잘 활용하고 있으며, 국내 도산안창호함은 3주간 잠항할 수 있습니다.

[그림 1.2.2.-11] 수소 연료전지 잠수함 – 도산안창호함

❾ 가정·건물용

연료전지 시스템은 도시가스 등의 연료를 수소 추출기를 통해 수소로 변환, 공기 중 산소와 함께 스택으로 공급하여 전기 및 열 에너지를 생산합니다. 연료전지 스택(Stack)에서 생성된 직류전력은 전력 변환 장치(Inverter)를 통해 최종적으로 220V, 60Hz의 교류 전력으로 변환되며 종합 효율 85% 이상의 고효율 발전 시스템입니다.

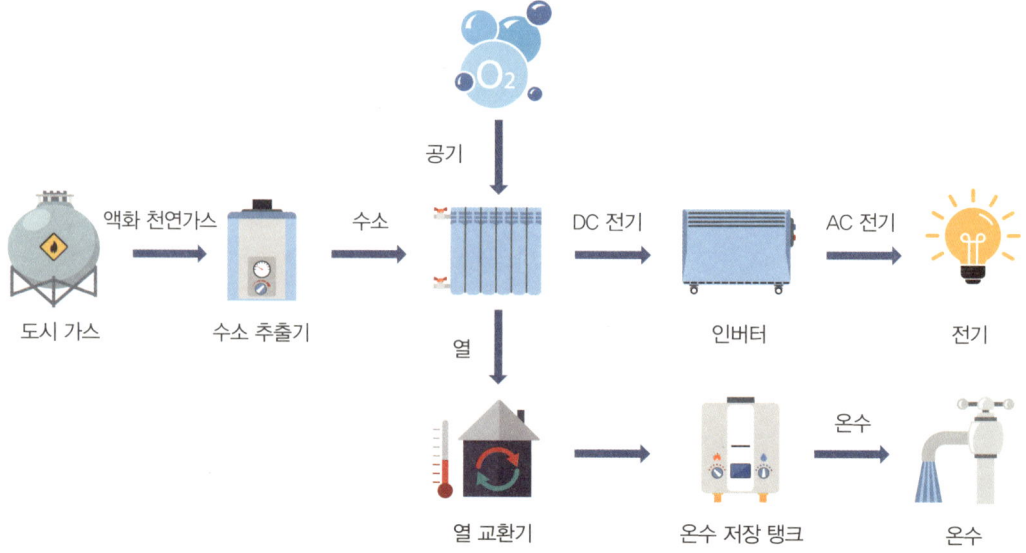

[그림 1.2.2.-12] 가정용 연료전지 발전 시스템 구성도

가정·건물용 연료전지는 2022년 50MW로 보급을 늘리고 2040년까지 94만 가구에서 사용할 수 있는 수준인 2.1GW를 보급할 계획입니다. 또한 설치 장소, 사용 유형별 특징을 고려하여 다양한 모델을 출시하고, 공공 기관, 민간 신축 건물에 연료전지 의무화를 검토 중입니다.

⑩ 발전용

연료전지를 사용할 때 발생하는 전력과 열을 사용하는 고효율 발전 시스템으로, 도시가스, 수소 및 바이오 가스 등을 사용하여 다양한 장소에 적용할 수 있습니다.

[그림 1.2.2.-13] 연료전지 발전 개요도

발전용 연료전지 생산을 2040년까지 내수와 수출(7GW)을 포함해 15GW까지 확대해 나갈 계획이며, 2022년까지 국내 1GW 보급을 통해 규모의 경제를 달성하고, 2025년까지 중소형 LNG 발전과 대등한 수준으로 발전 단가를 낮추며, 중장기적으로 설치비 65%, 발전 단가 50% 수준으로 하락시킬 계획입니다.

• 그 외 수소가 사용되는 곳: 수소 충전소

정부는 수소 충전소를 2022년 기준 310여 개로 늘리고, 수소 충전소 경제성이 확보될 때까지 설치 보조금을 지원하고, 운영 보조금 신설, 규제 샌드박스를 활용해 도심지나 공공 청사 등 주요 도심 거점에 충전소를 구축할 계획입니다.

[그림 1.2.2.-14] 수소 충전소

1.2.3 연료전지 시장 전망

전 세계 연료전지 시장은 2018년부터 2023년까지 연평균 25% 이상 성장할 것으로 전망되며, 주로 수송용 연료전지를 중심으로 성장할 것으로 전망하고 있습니다.

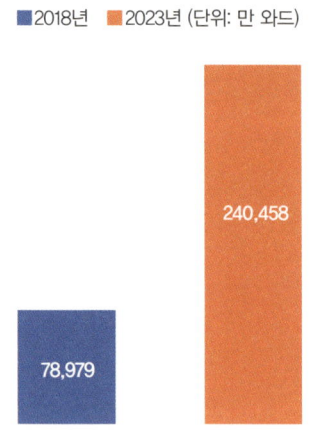

[그림 1.2.3-1] 연료전지 시장 규모 및 전망(출처: KISTEP 기술동향브리프 2021. 06호)

2018년 기준, 수송용이 전체 시장의 68.1%, 고정형이 31.8%, 휴대용이 0.1% 순이며 수소 전기차로 확장된 연료전지 시장은 선박, 가정·건물용 연료전지, 중대형 발전용 연료전지 등 다양한 활용을 통해 성장할 것으로 기대됩니다.

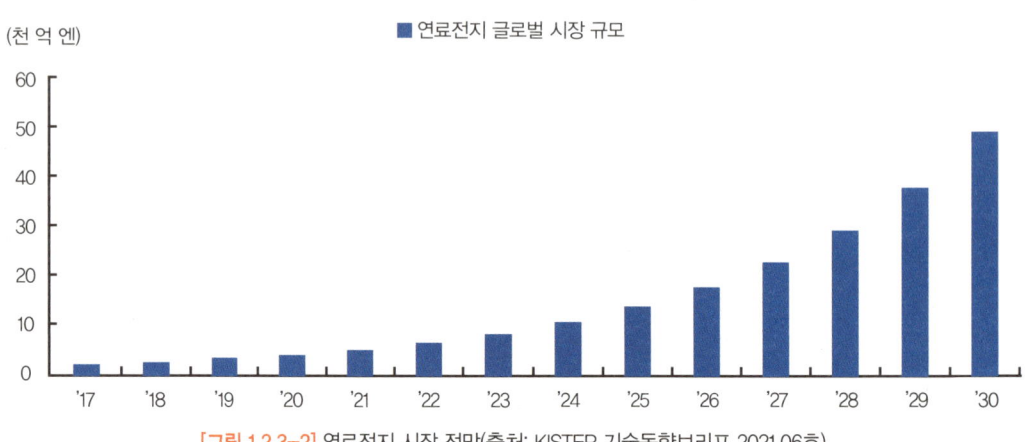

[그림 1.2.3-2] 연료전지 시장 전망(출처: KISTEP 기술동향브리프 2021.06호)

특히, 2016년 1,537억 원이던 수소 전기차 시장의 규모가 2030년 26조 3,000억 원으로 급격히 확장될 것으로 예상됩니다.

향후 10여 년간 연료전지 시장의 확장은 수소 전기차를 중심으로 한 모빌리티 산업이 견인할 것으로 예상됩니다.

주요 시장은 한국과 일본을 중심으로 확장되고 있으며, 일본, 미국, 한국 3국의 기업들이 주로 점유하며 경쟁할 것으로 예상됩니다.

[표 1.2.3-1] 2020년 상반기 기업별 수소 분야 특허 출원 현황(출처: IncoPat, IPRdaily)

순위	기업(국가)	특허 출원(건)
1위	시노펙(중국)	434
2위	도요타(일본)	126
3위	엑손모빌(미국)	91
4위	사우디 아람코(사우디)	79
5위	할도 톱소(덴마크)	73
9위	현대차(한국)	45
18위	한국조선해양(한국)	26
85위	포스코(한국)	5

2020년 상반기 기준 국내 업체 중 유일하게 현대차가 특허 출원 45건으로 주요 기업별 수소 분야 특허 출원 현황에서 10위 안에 들어가 있고, 한국조선해양이 18위, 포스코가 85위로 우리나라의 수소 관련 지식재산권 확보가 부족한 상황입니다.

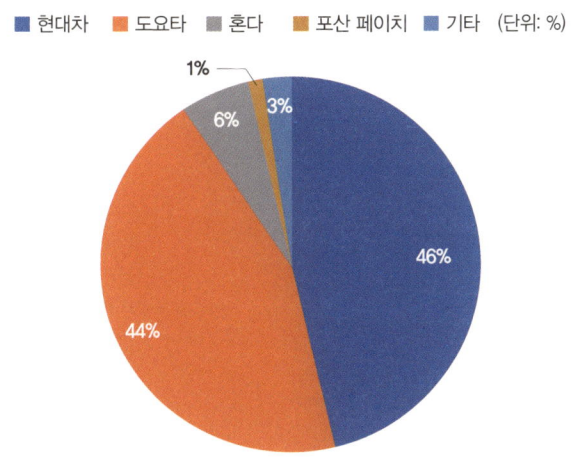

[그림 1.2.3-3] 2021년 1분기 주요 업체 수소 전기차(승용) 판매 현황(출처: H2리서치, 글로벌 수소 전기차 시장 동향 및 전망)

2021년 세계 수소 전기차 시장은 우리나라의 현대자동차(46%)와 일본의 도요타(44%)가 90% 이상을 점유하며 제한적인 경쟁이 이루어지고 있습니다.

1.2.4 연료전지 기술 동향

• 글로벌 산업 동향

연료전지의 글로벌 산업 동향을 살펴보면 퓨얼셀에너지, 블룸에너지 등이 독보적 기술을 바탕으로 시장을 선도하고 있습니다.

국가	주요 회사	내용
미국	퓨얼셀에너지	퓨얼셀에너지 사(FuelCell Energy, Inc.)는 1969년 창립 후 MCFC 분야에서 독보적인 기술을 보유하고 있으며, SOFC 분야에서도 협업을 통한 차세대 기술을 개발하고 있습니다. • 독일 내 MCFC 생산 및 판매 법인을 운영하고 있습니다. • 버사 파워 시스템(Versa Power System)의 SOFC 스택으로 시스템을 개발하여 2019년부터 실증 진행 중입니다. • 엑손모빌(Exxon Mobil)과 CCS 기술을 공동 개발하였습니다.
	블룸에너지	블룸에너지 사(Bloom Energy)는 SOFC 분야의 선도적 기업으로, 국내 기업과 협업도 활발히 진행하고 있습니다. • 미국 내 IT, 물류, 전력 회사 등에 350MW 이상의 연료전지를 판매하고 있습니다. • 국내 기업과의 판매 계약 체결로, RPS 시장에도 진출한 바 있습니다. • 삼성중공업과 공동으로 SOFC 탑재 선박의 설계 및 건조를 진행한 바 있습니다.
일본	후지전기	후지전기 사는 PAFC 기술을 바탕으로 글로벌 시장에 진출하였으며, SOFC 기술 개발 및 실증을 진행 중에 있습니다. • (PAFC) 100kW 제품을 열 수요가 높은 일본 내 자가 발전 사업자를 대상으로 판매중이며, 한국, 남아공, 미국, 독일 등에 120대 이상의 제품을 판매 중입니다. • (SOFC) 고효율 SOFC를 이용한 열병합 시스템을 개발 중이며, 50kW급 시스템 실증을 완료(발전 효율 55%, 종합 효율 85%, 운전 시간 4,000시간 이상)하였습니다.
	MHPS	MHPS 사는 미쓰비시중공업과 히타치제작소의 합작회사로, 2014년 설립 이후 SOFC 복합 발전시스템을 판매 중이며, 차세대 대규모 발전 시스템을 개발하고 있습니다. * 미쯔비시 히타치 파워시스템즈(Mitsubishi Hitachi Power Systems), 2020년 9월 '미쓰비시파워주식회사'로 사명 변경 • 2017년부터 250kW급 SOFC-가스터빈 복합 발전 시스템 판매 • 1.2MW급 시스템의 실증 및 조기 상용화 추진 중이며, SOFC-가스터빈-증기터빈 삼중 복합 시스템 개발

국가	주요 회사	내용
일본	블룸에너지 JP	블룸에너지 JP 사는 블룸에너지와 소프트뱅크 간 조인트벤처로 설립되었고, 자사 건물 내 SOFC 발전을 실증 중이며, 향후 적용을 확대할 예정입니다.
	도시바 (Toshiba)	도시바 사는 에네팜(Ene-Farm, 가정용 연료전지) 기술을 바탕으로 수소 전용 열병합 발전 시스템을 출시하여 미래 수소 시장에 대비하고 있습니다.
중국		중국은 시스템 단위 시장에서의 입지는 크지 않지만, 다수의 기업이 기업 간 협력을 통해 연료전지 발전 시장에 대비하고 있으며, 소재부품 기업이 다수 존재합니다. 〈시스템〉 캐나다의 연료전지 선도 기업 발라드 사, 일본의 토요타 등이 중국 연료전지 시장에 진출하였으며, 최근 글로벌 기업들 또한 적극적으로 진출하고 있습니다. • 중국 정부의 수소 전기차 보급 정책에 힘입어 토요타와 중국 내 베이치푸텐, 이화통 등 기업 간 협력관계*를 통해 수소 버스 개발과 2022년 동계 올림픽에 투입할 계획입니다. 　* 버스 생산(베이치푸텐) - 연료전지 시스템(토요타) - 연료전지 동력시스템(이화통) • 토요타는 중국 디이자동차그룹(First Automobile Works Group, FAW)과 쑤저우진룽에서 생산되는 수소 버스에도 연료전지 스택을 공급할 예정입니다. • 발라드 파워 시스템(BLDP)은 2015년 중국 2개 지역에 수소 버스 제품과 함께 기술 솔루션을 제공한 바 있으며, 2017년 광둥성에 합자 회사를 설립하여 연료전지 스택을 현지 생산하고 있습니다. • 최근 독일의 보쉬(Bosch), SFC 에너지(SFC energy), 영국 세레스파워(Ceres Power), 네덜란드의 네드스택(Nedstack) 등이 중국 연료전지 시장 진출을 발표했습니다. 〈소재 및 부품〉 연료전지 내 쌍극, 막 전극, 촉매, 기체 확산층 등 소재, 부품을 생산하는 기업들이 다수 포진하고 있으며, 연료전지용 압축기, 펌프 등 분야 기업도 다수 존재합니다.

(출처: KISTEP 기술동향브리프 2021. 06호)

• **국내 산업 동향**

국내 주요 대기업은 PAFC, MCFC 제품을 중심으로 글로벌 시장에서의 입지를 구축하였으며, 시장 지위를 유지하기 위한 차세대 연료전지도 적극적으로 개발하고 있습니다.

회사	내용
두산퓨얼셀	두산퓨어셀은 2014년 두산이 미국의 클리어엣지파워(CEP)를 인수하며 시장에 진출하였으며, PAFC 기술을 중심으로 발전용 연료전지 사업을 영위하고 있습니다. 주력 제품은 PAFC로 국내외 연료전지를 보급하는 성과를 창출하였으며, PEMFC, SOFC 등 제품군을 다양화하기 위한 기술 개발을 진행하고 있습니다. • 60MW급 공장을 국내 완비하였으며, 2014년 인수 합병을 통해 PEMFC 사업에도 진출했습니다. • 국내 300MW 이상 보급하였으며, 영국 1.4MW 수출 등 해외에도 적극적으로 진출하고 있습니다. • 영국의 세레스파워(Ceres Power)와 SOFC를 공동 개발 중이며, 200kW급 제품을 개발 중에 있습니다.

회사	내용
한국퓨얼셀	한국퓨얼셀은 포스코에너지에서 분할·설립한 연료전지 전문 자회사로, MCFC 제품을 중심으로 한 사업을 진행 중입니다. 연 100MW MCFC 일관 생산 체계를 구축하는 등 양산성을 확보하고 있습니다. • 2008년부터 BOP, 스택(2011년), Cell(2015년) 공장을 준공하여 시스템 전 부문의 생산 능력을 확보하였으며, 국내 보급량은 170MW 이상입니다.
SK건설	SK건설은 미국 블룸에너지와의 협력으로 국내 SOFC 시장에 진출하여 국내 생산을 본격화했습니다. 2020년 1월 블룸에너지와 SOFC 연료전지 국산화를 위한 합작법인 블룸SK퓨얼셀을 설립하고 같은 해 10월 구미 공장을 준공했습니다. • LNG를 연료로 하는 SOFC 제품을 생산할 예정이며, 2021년 50MW 생산을 시작으로 2027년 400MW까지 생산량을 점진적으로 확대할 계획입니다. 또한 기술 개발 측면에서 SK어드밴스드, 블룸에너지와 부생 수소 활용 SOFC 상용화 검증에 대한 MOU를 체결했습니다. • SK어드밴스드 울산 공장에서 발생하는 부생 수소를 활용하여 SK건설이 SOFC EPC, 블룸에너지가 SOFC 운영을 맡아 운영비를 절감하기 위한 실증을 진행할 계획입니다.
에스퓨얼셀	에스퓨얼셀은 2014년 에스에너지가 GS칼텍스 수소 연료전지 연구 개발팀을 중심으로 설립한 연료전지 전문 기업입니다. 소규모 열병합 발전기 형태의 PEMFC 건물용 연료전지 시스템이 주력 제품이며, 아파트 단지, 대형 건물, 관공서, 대학 등 다양한 건물에 설치 및 운영 중입니다.
FCI (Fuel Cell Innovations)	FCI는 2018년 한국-사우디 합작투자로 설립한 SOFC 대형 발전용 연료전지 전문 기업입니다. 2018년 3월 설립된 연료전지 전문 기업으로, 1.5kW SOFC 연료전지를 이용한 대용량 발전소 설계 및 운영 기술을 보유하고 있습니다. 2020년 5월 포항시, S-OIL, 포항TP 등과 연간 50MW 규모의 생산이 가능한 SOFC 생산 공장 건립 추진에 대한 MOU를 체결했습니다. 이탈리아의 솔리드파워와 연료전지 시스템 대형화 관련 공동 기술개발을 수행 중이며, 최근 S-OIL로부터 2027년까지 1,000억 규모의 투자 유치하여 100MW 이상의 생산 시설 구축과 그린수소 사업 진출을 계획하고 있습니다.

(출처: KISTEP 기술동향브리프 2021. 06호)

MEMO

Part 2
왜 수소인가?

수소는 주기율표의 가장 첫 번째 원소로, 원소 기호는 H, 원자 번호는 1입니다. 표준 원자량은 1.008로, 질량 기준으로 태양의 4분의 3을 차지하고 있고, 태양의 중심 핵에서 초당 4억 3,000만~6억 톤의 수소와 헬륨 에너지를 분출하고 있습니다. 2부에서는 우주의 가장 기초 원소인 수소가 어떻게 발생되고, 발전에 이용되는지 알아보겠습니다.

Hydrogen Fuel Cell Drone

수소 개요

Chapter 1

수소는 주기율표에서 1주기 1족에 속하는 원소로, 인간이 현재까지 발견한 원소들 중, 우주에서 가장 풍부하며, 가장 가볍고 간단한 구조를 가졌을뿐 아니라 원자 번호가 가장 작은 원소입니다. 1장에서는 수소가 어떻게 생겨나고, 어떻게 사용되는지 알아보겠습니다.

원소 주기율표

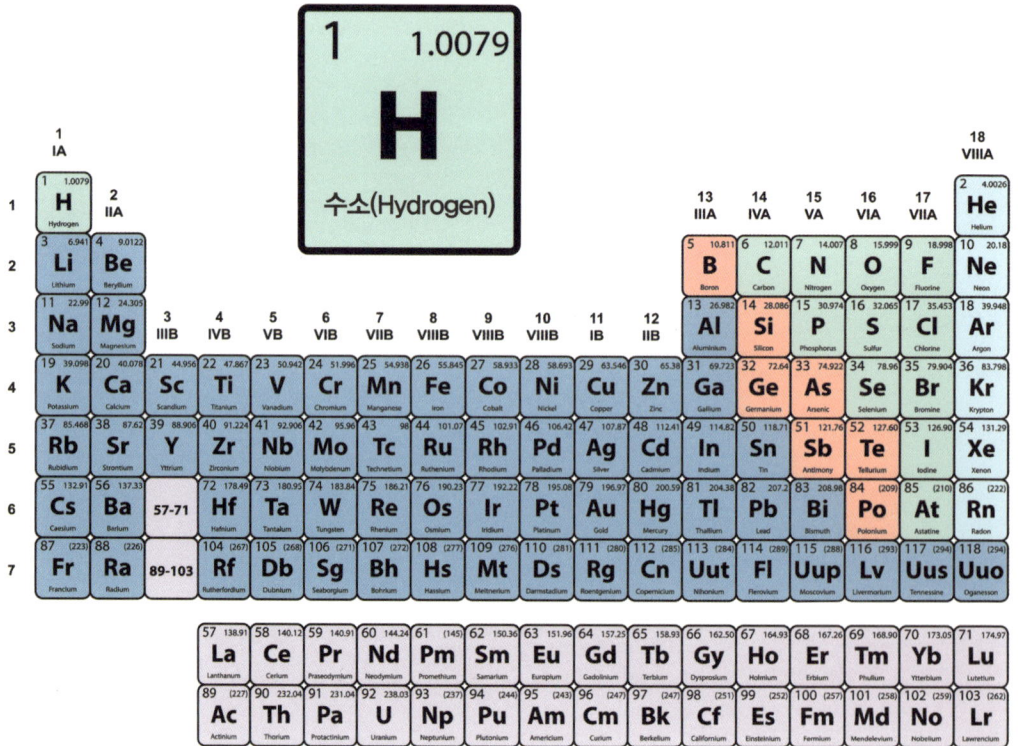

수소는 부생, 개질, 전기 분해, 열 분해, 인공 광합성 등과 같은 방식으로 생산할 수 있습니다. 수소의 생산은 화석 연료, 물, 태양 에너지, 생물 등 다양한 방법으로 생산할 수 있고, 각 생산 방식에 따라 그레이수소, 블루수소, 그린수소로 나눠집니다.

2.1.1 수소의 물리적 요소

• 수소의 성질

수소는 무색 무취의 가스로, 누설 시 감지하기 어렵고 낮은 점화 에너지로도 발화가 가능해 수소를 저장하고 사용하는 곳에서는 방폭 구조 및 누설 감지 센서가 반드시 필요합니다.

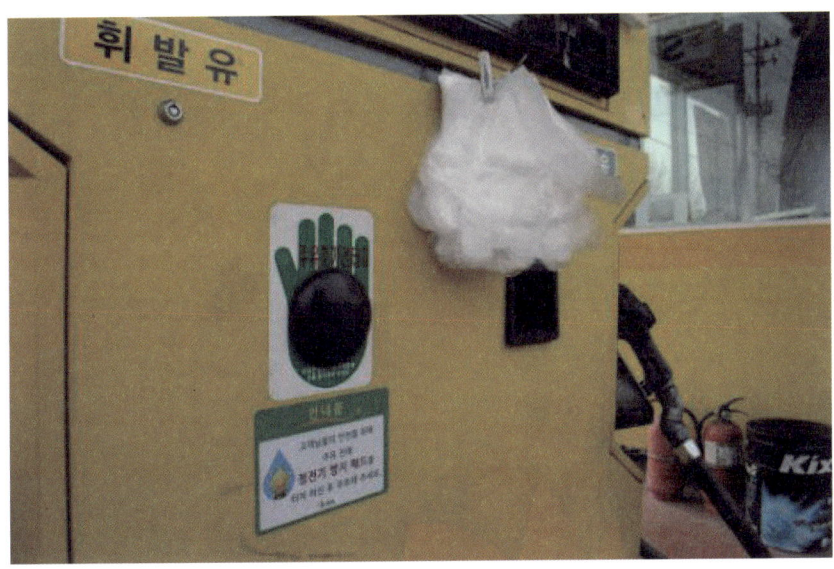

[그림 2.1.1-1] 주유소 정전기 방지 패드

• 수소의 에너지 밀도

수소의 경우, 부피당 에너지 밀도는 낮지만 무게당 에너지 밀도는 매우 높아 멀티콥터처럼 무게에 민감한 항공기의 경우, 비행 시간과 페이로드(Payload, 유효 탑재량)를 획기적으로 늘릴 수 있는 에너지원입니다.

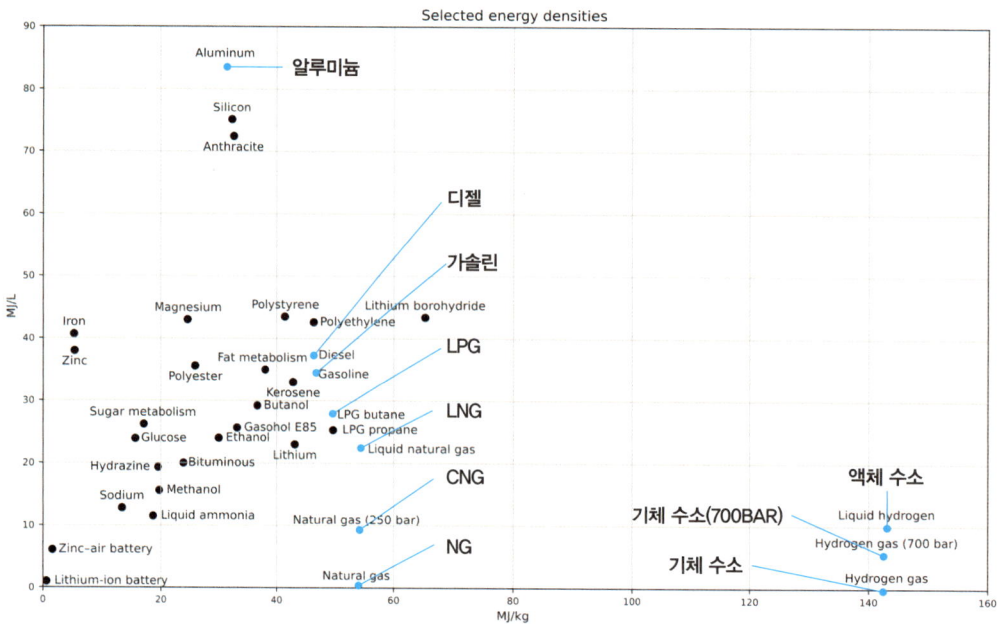

[그림 2.1.1-2] 물질별 에너지 밀도 비교

• 수소의 생산

수소는 여러 방법으로 제조할 수 있으며, 화석부터 살아 있는 생물까지 다양한 방법으로 생성할 수 있습니다. 현재 수소 제조 방법의 고도화로 수소의 생산 단가는 낮아지고 있으며, 앞으로 더욱 낮아질 전망입니다.

[표 2.1.1-1] 수소의 생산 방법에 따른 분류표

제조 방법	분류	특징
화석 연료	• 수증기 개질 • 천연가스 열 분해 • 석탄가스화	• ① 천연가스를 고온·고압에서 분해한 개질 수소 • ② 석유 화학이나 철강 공정 등에서 부수적으로 발생한 부생 수소 • 향후 대체 에너지에 의한 수소 생산 방식이 발전하면 사용이 급격히 줄어들게 될 것임
물	• 전기 분해 • 열 분해 • 열화학 공정	• 대량 생산이 쉬움 • 전기 에너지의 비용 높음 • 대체 에너지 사용으로 온실 효과 저감 효과
태양 에너지	• 광 분해 • 광전/전기 분해 • 광화학 공정	• 구리 비스무스 산화물 박막 형성 효과를 통해 전하 재결합을 크게 낮춰 과전환 효율을 증대 • 기술 개발(아주대학교, 한국화학연구원 연구팀)
생물학적	• 미생물을 활용한 유기물 광 분해 • 유기 화합물 발효	• 미생물이 효소에 의해 생산한 수소를 최대한 밖으로 내도록 유도하여 수소를 생성 • 수소를 생성하기 위한 외부적인 조건이 많음

2.1.2 수소의 화학적 요소

• 수소의 구성

수소는 양성자 1개에 중성자가 0~6개로 구성된 핵과 전자 1개로 되어 있습니다. 대부분 자연 상태의 수소(성분비 99.9885%)는 중성자가 없는 경수소이며, 중성자를 1개 포함하는 중수소, 중성자를 2개 포함하는 미량의 삼중수소가 나머지를 차지합니다. 인공적으로 중성자 3개 이상을 포함하는 수소를 만들 수 있고, 무려 7중수소(양성자 1+중성자 6)까지 있지만, 모두 반감기가 10^{-21}초 미만으로 짧아 빠른 시간 안에 붕괴를 통해 다른 원소가 되어 버립니다. 삼중수소도 방사성 동위원소지만, 반감기가 10년 이상이므로 자연 상태에서도 존재할 수 있습니다.

• 화학적 생산 방식에 따른 분류: 부생 수소

천연가스 개질과 함께 그레이수소를 생산하는 방식으로 석유, 코크스, 나프타 등을 화학 공정을 통해 목적 물질을 생산할 때 수소를 부수적으로 얻는 방식입니다.

[그림 2.1.1-3] 부생 수소 생산 과정

- **화학적 생산 방식에 따른 분류: 천연가스 개질**

대표적인 그레이수소 생산 방식으로 천연가스와 물을 개질기에서 반응시켜 이산화탄소와 함께 수소를 생산하는 방식입니다. 이를 '추출 수소'라고 합니다. 부생 수소와 천연가스 개질 생산은 이산화탄소 포집 저장 기술을 통해 탄소 배출을 85% 감축시켜 블루 수소 생산 방식으로 전환할 수 있습니다.

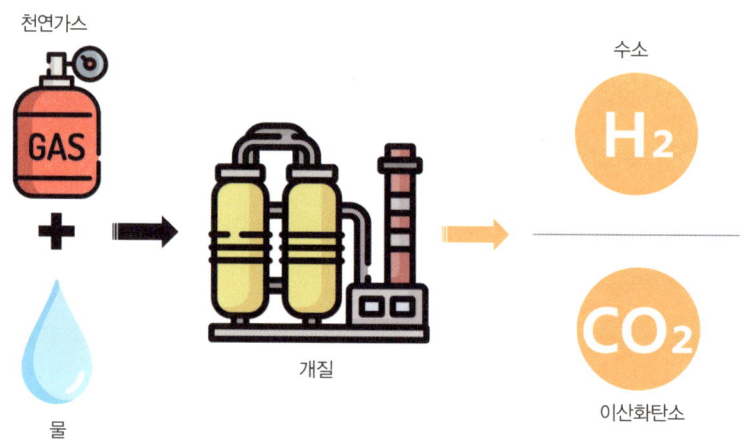

[그림 2.1.1-4] 개질 수소 생산 과정

- **화학적 생산 방식에 따른 분류: 전기 분해**

대표적인 그린수소 생산 방식으로, 신재생 에너지를 기반으로 물을 전기 분해해 수소와 산소를 생산하는 친환경 수소 생산 방식입니다.

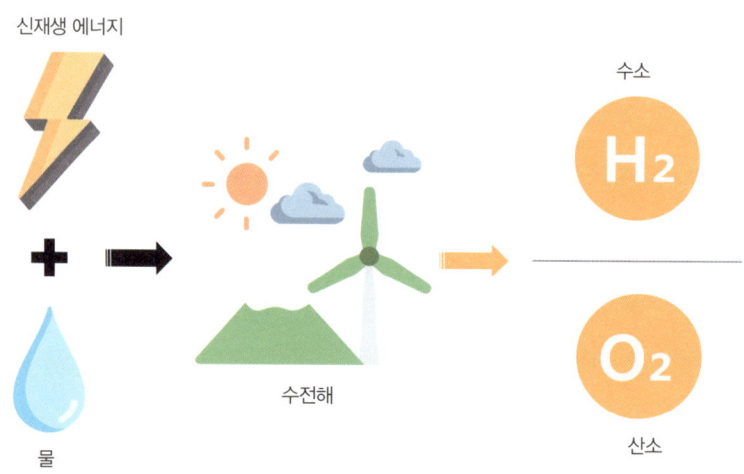

[그림 2.1.1-5] 전기 분해 수소 생산 과정

Hydrogen Fuel Cell Drone

2 Chapter

수소 안전

수소 안전은 수소 산업 전 주기 안전 관리 핵심 기술을 바탕으로 효율적이고 안전한 수소 경제를 만들기 위해 수소 시장의 성장과 더불어 지속적으로 관리해야 할 분야입니다. 2장에서는 수소 경제 활성화의 핵심인 수소 안전 관리에 대해 전반적인 내용을 살펴보고, 앞으로의 수소 안전 관리 방향에 대해 알아보겠습니다.

Part 2

한국가스안전공사는 안전한 수소 경제 활성화와 수소 안전 전담 기관으로서의 역할을 수행하기 위해 '수소안전기술원'을 신설하여 수소 안전 기반 조성, 기반 구축, 고도화에 힘쓰고 있습니다.

2.2.1 수소 안전 관리 핵심 기술

[표 2.2.1-2] 수소 전 주기 안전 관리 핵심 기술

구 분	과 제	주요 내용
생산	❶ 수소 생산 설비	위험 요소 분석 및 인증 방법 도출
	❷ 액화 수소 생산·저장	한국형 안전 기준 마련
	❸ 수소 부품 시험·인증	시험 평가 장비 구축 및 기준 개발
저장 운송	❹ 대용량 튜브 트레일러	운반 차량 안전 기술 개발
	❺ 수소용 수소 배관 재료 적합성	수소 취성 특성 평가 및 배관 재질 개발
	❻ 수소용 용기 비파괴 검사	미세 크랙 검출 평가 및 결함 판정
활용	❼ 맞춤형 모빌리티 충전소 안전	선박, 드론, 건설 기계 등 충전소 안전 기술 개발
	❽ 충전소 성능 안전 평가	충전 압력 온도 유량 적정 여부 평가
	❾ 충전소 안전 관리 모니터링	주요 설비 작품 고장 진단 실시간 모니터링
	❿ 연료전지 이용처별 제품 안전	드론, 지게차 등 연료전지 안전 기술 개발

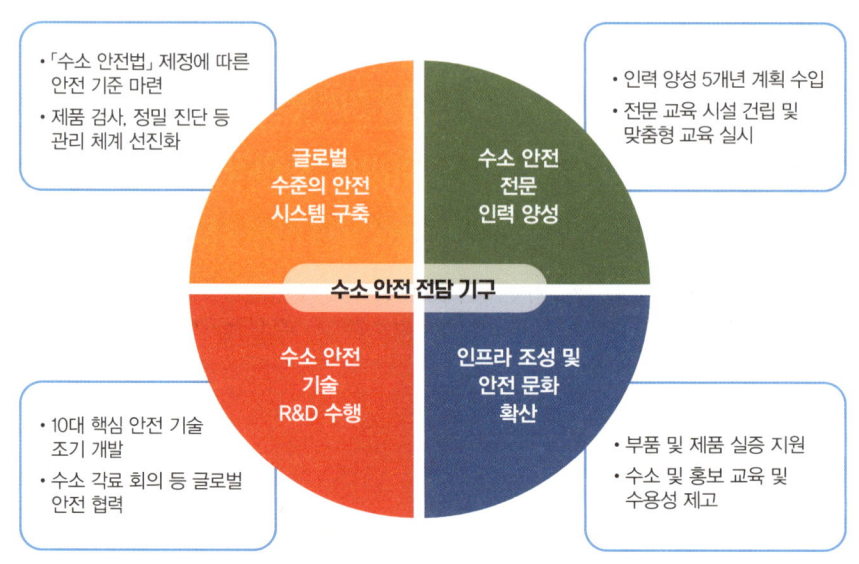

[그림 2.2.1-1] 수소 안전 관리 전담 기구의 역할

부품·제품의 안전성 실증 지원

- 수소 제품과 부품의 내구성, 신뢰성 등을 시험 평가
- 수소 생산부터 활용까지 적용되는 소재, 부품 및 시스템 안전 실증 지원
- 초고압 부품 인증 대상을 확대하여 안전성을 제고하고, 제품 국산화 병행 지원
- 충전소용 밸브 및 부품 인증 확대 시행
- 안전하고 효율적인 수소 충전을 위한 충전 표준 프로토콜 제정 및 성능 평가 제도화

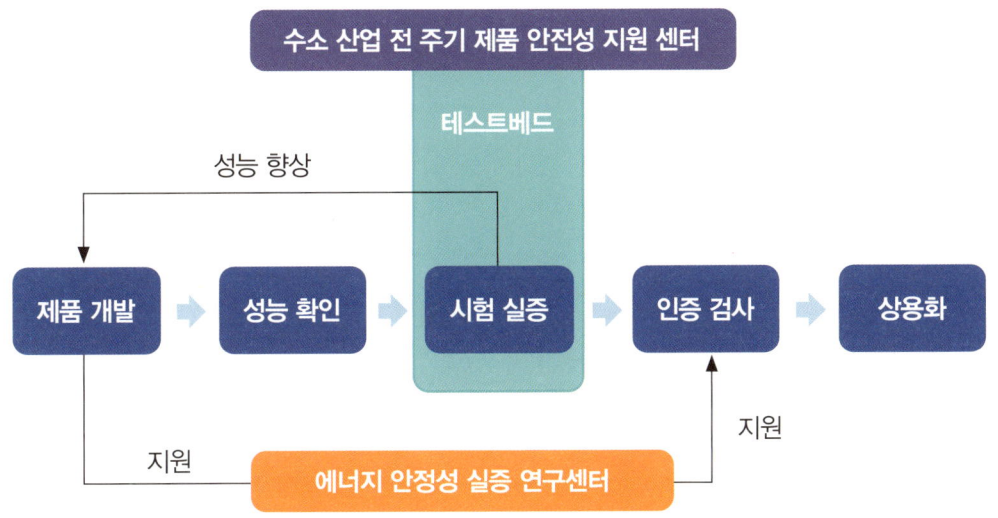

[그림 2.2.1-2] 안전성 실증 지원 프로세스

현재 1MPa(= 10bar) 이상의 고압 수소(수소 충전소, 산업용 수소 설비 등)는 「고압가스안전관리법」의 적용을 받아 생산 저장 운송 활용에 대한 안전 관리를 받아야 합니다.

[표 2.2.1-2] 고압 및 저압 수소 안전 관리 체계

구분	고압(10bar 이상)	저압(10bar 미만)
근거	고압 가스 안전법	수소 가스 안전법
관리 대상	• 수소 충전소 • 튜브 트레일러 • 고압 저장 탱크 • 수송용 배관 • 고압 연결 저압 시설	• 수전해 설비, 추출기, 연료전지 등 • 저압 저장 탱크
	• 부생 수소 설비, 반도체 공정용, 발전기 냉각용 등 • 압력 구분에 따른 적용 법령 변화	

2.2.2 안전 관리를 위한 수소 관리 체계

- **수소 밸류체인 [생산] 관리 체계**
  - **안전 기준:** 해외 선진 기준에 따라 수소 추출기, 수전해 설비 등 주요 저압 생산 설비에 대한 제조·시설 기준을 마련하고 부생 수소 생산 설비는 「고압가스 안전법」에 따라 제조·설치 기준을 마련해 운영 중입니다.
  - **관리 체계:** 제조 단계에서 공장 심사(전수 검사)와 유통 중 샘플 조사, 시공 단계에서 가스안전공사의 기술 검토를 거쳐 완성 검사를 추진하고, 운영 중에는 안전 관리자가 상주하여 매일 자체 점검 실시, 매년 정밀 진단을 통한 안전 조치, 실시간 모니터링 체계 구축을 추진 중입니다.

- **수소 밸류체인 [운송] 관리 체계**
  - **안전 기준:** 저장 용기 연결 배관, 충돌 방지 프레임 등 기준 마련, 배관 제조 설치 기준 마련 등 정량적인 안전 기준을 마련해 운영 중입니다.
  - **관리 체계:** 운반 차량 등록제, 제품 검사, 차량 위치 추적 시스템, 관리원 배치, 정밀 진단 제도 운영 등 제도적으로 완성도 높은 「위험물안전관리법」의 운송 체계를 가져와 사용 중입니다.

- **수소 밸류체인 [저장] 관리 체계**
  - **안전 기준:** 충전소 저장 탱크는 글로벌 수준의 「고압가스안전법상」 안전 기준에 따라 제작하고, 이격 거리 확보, 긴급 차단 장치 등 각종 안전 장치를 부착해 사용 중입니다.
  - **관리 체계:** 제품은 공장 심사(전수 검사), 시공은 기술 검토와 완성 검사 시행 운영 중에는 안전 관리자가 상주하면서 매일 자체 점검을 실시하고, 매년 정밀 진단 실시, 분기별 품질 검사, 이중 점검 체계 구축 등 까다로운 관리 체계를 구축하여 운영 중입니다.

- **수소 밸류체인 [활용] 관리 체계**
  - **안전 기준:** 수소 충전소 및 산업용에 쓰이는 수소와 연료전지용 수소를 따로 분류해 안전 기준을 마련 중이고 충전소 및 산업용은 「고압가스법」, 연료전지용은 「수소법」을 기준으로 관리하고 있습니다.

- **관리 체계:** 현재는 상용화된 고압 기체 수소를 기준으로 정립되어 있으며 10bar 미만, 10bar 이상, 120bar 미만, 700bar 이상 등 고압 기체의 압력에 따라 관리 기준을 나누어 운영 중입니다.

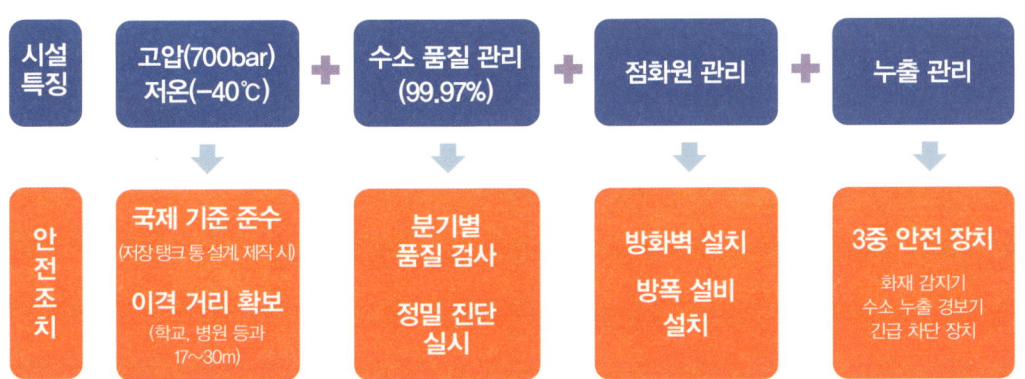

[그림 2.2.2-1] 안전 관리 포인트

2.2.3 수소 에너지에 대한 오해와 진실

• 수소 폭탄

수소 폭탄에서 말하는 수소(중수소, 삼중수소)는 자연 상태의 수소와 다른 핵 구조를 가집니다. 수소 폭탄의 폭발은 1억℃ 이상에서 일어납니다. 수소 연료전지는 일반적으로 100℃ 이하에서 사용합니다.

• 화재 폭발

수소는 산소보다 약 16배 가벼워 누출 시 빠르게 확산되므로 폭발 가능성이 낮습니다.

• 인체에 미치는 영향

수소는 독성 가스를 배출하지 않기 때문에 질식이나 화상 위험이 낮습니다.

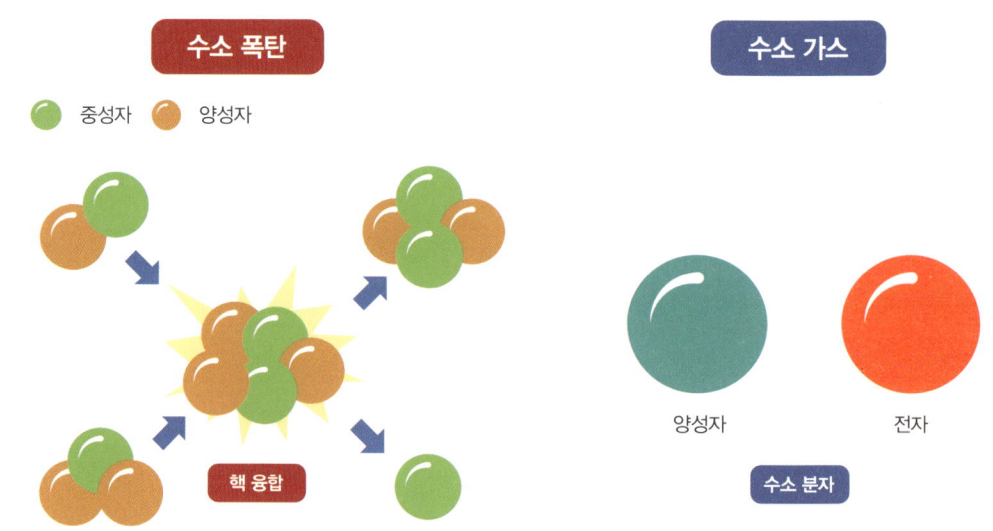

[그림 2.2.3-1] 수소 폭탄과 수소 가스

2.2.4 수소 설비 사고 사례

수소 설비 사고의 경우, 제도적으로 미비한 관리 체계와 안전 장치의 부재, 운전 미숙, 설비 결함, 전문가 부재 등 지속적인 관리 미숙으로 인한 인재가 대부분입니다.

• 국내 사고 사례

강릉 과학산업단지 수소 탱크 사고(2019년 5월)	
사고 개요	수전해 R&D 연구 수행 중 수소 저장 탱크 폭발
사고 원인	수소 저장 탱크 내 폭발 범위(6% 이상)의 혼합 농도 이상으로 산소가 유입된 상태에서 정전기 불꽃 등 점화원으로 폭발
	[그림 2.2.4-1] 강릉 수소 탱크 폭발 사고
국내 충전소와의 차이점	사고 시설은 국내에 없는 방식, 국내는 안전 관리자 상주, 매일 누설 체크 및 3중 안전 장치 장착(화재 검지기, 수소 누출 경보기, 긴급 차단 장치)

- **해외 사고 사례**

노르웨이 수소 충전소 폭발 사고(2019년 6월)	
사고 개요	수전해 + 무인 셀프 방식의 수소 충전소에서 화재 발생
사고 원인	고압 저장 용기의 플러그 조립 불량에 따른 수소 누출 추정
	 [그림 2.2.4-2] 노르웨이 수소 충전소 폭발 사고
국내 충전소와 차이점	사고 시설은 국내에 없는 방식, 국내는 안전 관리자 상주, 매일 누설 체크 및 3중 안전 장치 장착(화재 검지기, 수소 누출 경보기, 긴급 차단 장치)

Chapter 3 수소 경제

Hydrogen Fuel Cell Drone

수소 경제는 수소를 주요 에너지원으로 사용하는 경제 산업 구조를 말합니다. 즉 화석 연료 중심의 에너지 시스템에서 벗어나 수소를 에너지원으로 활용하는 자동차, 선박, 열차, 기계 또는 전기 발전 열 생산 등을 늘리고, 이를 위해 수소를 안정적으로 생산, 저장, 운송하는데 필요한 모든 분야의 산업과 시장을 새롭게 만들어 내는 경제 시스템입니다. 3장에서는 수소 경제의 동향과 해결 과제 등을 알아보겠습니다.

수소 경제는 2019년 이후의 전 세계적인 흐름으로, 대한민국은 수소 경제의 흐름에 맞게 확립한 로드맵을 바탕으로 인프라를 구축하고 인적·물적 자원을 키워나가고 있습니다. 수소 경제의 목표는 지금 당장 모든 경제 체제를 수소로 전환하는 것이 아니라 점진적으로 수소 에너지의 비율을 늘려나가는 데 있습니다.

2.3.1 수소 경제를 위한 인적·물적 자원

[그림 2.3.1-1] IE 수소 연료전지 스택

수소 산업의 기술적인 성장을 위해서는 스택의 핵심 소재에 관련된 독점 기술을 확보하여 경쟁력을 갖추는 것이 중요합니다.

[표 2.3.1-1] 글로벌 수소 연료전지 핵심 기술 보유 현황

스택 핵심 소재	독점 기술	기술 보유 업체명
멤브레인막	수소만 통과시키는 기술	고어(미국)
촉매층	백금 촉매 기술	교세라(일본)
GDL	탄소섬유 기술	도레이첨단소재(일본)
분리판	STS 소재 기술	현대제철, POSCO

• 국내 수소 연료전지 핵심 기술 보유 현황

■ 상아프론테크: 멤브레인 기술

불소수지 기반 제품 생산 및 멤브레인 기술 상용화에 성공한 기업으로, 멤브레인 소재 ePTFE 개발 및 특허 등록을 완료했습니다. 수소 연료전지에서 수소 이온만 통과시킬 수 있도록 고분자 소재를 사용하여 테스트한 후 2022년부터 본격적으로 물량 공급을 계획 중입니다.

사양	상세 설명
제품명	섬유용 ePTFE
설명	(주)상아프론테크의 ePTFE는 독자적인 기술로 개발된 cm^2당 수억 개의 나노 사이즈 기공을 갖는 '팽창 폴리테트라플루오로에틸렌(Expanded Polytetrafluoroethylene)'임. 생성된 나노 사이즈 기공은 증기 입자(1nm 이하)는 배출하고, 물 입자(500㎛)의 침투는 막아 줌으로써 아웃도어 및 스포츠웨어에 투습 방수 기능을 부여하여 쾌적한 착용감을 갖게 하는 핵심 소재로, 기능 향상을 위한 후가공 기술 개발이 가능함
용도	아웃도어 웨어 및 스포츠 웨어, 군복, 소방복 및 특수 작업복, 투습 방수 기능성 신발

[그림 2.3.1-2] 상아프론테크 멤브레인 소재(출처: http://www.sftc.co.kr/)

■ KAIST 정연식 교수 & KIST 김진영 박사 공동 연구팀: 촉매

KAIST 정연식 교수 & KIST 김진영 박사 공동 연구팀은 3차원 나노 촉매 소재 기술 개발 성공하며 수소 생산에 사용되고 있는 기존의 촉매 대비 20배 이상 효율을 더 높인 신개념 3차원 나노 촉매 소재 기술을 선보였습니다. 3차원 프린팅과 비슷한 원리로 작용하는 초미세 전사 프린팅 적층 기술을 활용하여 '성냥개비 탑' 형상의 3차원 이리듐 촉매 구조를 인쇄 방식으로 제작하는 기술을 개발한 것입니다.

규칙적인 구조 때문에 촉매 표면에 생성된 가스 버블을 효율적으로 관리하고, 높은 활성도를 유지할 수 있습니다. 훨씬 더 적은 양의 이리듐을 사용하고, 전기 분해 장치의 성능을 높게 구현하며, 이리듐 질량당 촉매 효율 환산 시 20배 이상의 높은 효율을 나타냅니다.

- **효성첨단소재: 탄소섬유**

효성첨단소재는 수소 연료 탱크 관련 핵심 소재인 탄소섬유를 개발했습니다. 탄소섬유는 철보다 10배 강하지만 무게는 강철 대비 4분의 1 수준으로 꿈의 첨단 소재라 불리는 소재 기술입니다.

사양	상세 설명
제품명	탄소섬유(Regular, High Tenacity, High Modulus)
설명	무게는 강철 대비 4분의 1 수준이면서 강도는 10배 이상 높은 탄소섬유는 경량화를 통한 에너지 사용의 효율성 증대를 위한 핵심 소재로 주목받고 있는 최첨단 소재임. 탄소섬유는 전 세계 시장 수요가 매년 10% 이상 성장하고 있으며, 효성첨단소재는 2013년부터 2,000톤/년 규모의 생산 능력 확보를 시작으로 2025년까지 상위 업계 대열에 진입하는 것을 목표로 하고 있음

[그림 2.3.1-3] 효성 고압 수소 탱크 탄소섬유(출처: hyosungadvancedmaterials.com/kr/)

- **포스코: 수소 연료전지 분리판**

스택은 단위 셀을 적층해 조립한 것으로 분리판은 연료극에 수소, 공기극에 산소를 공급하는 채널 역할을 함과 동시에 셀 사이의 지지대 기능을 하는 소재입니다. 분리판은 고전도 스테인리스강 소재를 사용했고, 타 소재보다 내식성, 전도성, 내구성, 균일성이 우수합니다. 생산 능력을 기존 1,400톤에서 2027년까지 1 만톤 수준으로 끌어올릴 계획입니다.

[그림 2.3.1-4] 포스코 분리판 소재(포스코SPS가 개발한 수소 전기차 분리판용 소재 'Poss470FC')

- **피에프에스, 동아화성: 퓨얼 셀 개스킷(Fuel Cell Gasket)**

반응 기체(수소, 산소)와 냉각수의 외부 또는 내부, 다른 채널 간 유입을 막아주며, 각 셀(Cell)의 응력 분포, 유동 분포가 동일하게 이루어지도록 높은 치수 정밀도를 요구하는 기술입니다.

배터리 팩 개스킷(Battery Pack Gasket, BEV)

 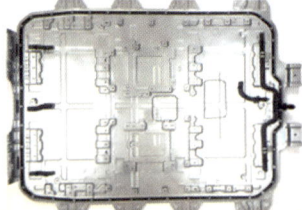

Fuel cell Gasket

사양	상세 설명
제품명	배터리 팩 개스킷, 쿨링 호스(전기차)
재질	EPDM
기능	• 배터리 팩의 상단 케이스와 하단 케이스 사이에 장착되어 배터리 팩의 기밀성을 확보 • 배터리 내부로 들어올 수 있는 물과 먼지를 방지함 • 배터리팩의 냉각수 이동 통로
특징	V0 등급 낙연 성능 확보. 기밀성 우수 (복원력 탁월)

[그림 2.3.1-5] 퓨얼 셀 개스킷(출처: dacm.com)

- **세종공업: 수소 연료전지 융·복합 기술**

세종공업은 수소 연료전지 핵심 부품 기술력을 확보하여 기존의 배기 시스템 기술에 전장 기술을 접목한 융복합 기술 및 관련 기술을 개발하고 있습니다. 수소 가스를 적정 압력과 유량으로 연료전지 스택에 공급, 재순환 및 배출을 유도하기 위한 수소 공급 시스템 핵심 모듈의 개발을 통해 연료전지의 안전성을 확보하고, 어떠한 환경 조건에서도 최적의 성능을 발휘하도록 도와주는 기술입니다. 전반적인 센싱 기술 또한 보유하고 있는데 수소 가스의 누설 여부를 감지 및 안전 진단을 하는 수소 센서, 수소 저장 장치로부터 이어지는 수소 배관 및 연료전지 스택 입·출구의 운전 압력 모니터링하는 압력 센서 등이 있습니다. 연료전지 시스템이 비정상적으로 가동되어 규정 압력을 초과할 경우에 대비하여 안전 장치인 수소 압력 릴리프 밸브에 관련된 기술과 연료전지 스택에서 생성된 응축수를 관리하는 워터트랩 기술도 보유하고 있습니다.

- **현대모비스: 이젝터**

이젝터는 스택에서 산소와 반응하지 못한 수소와 잉여 수소를 다시 스택으로 공급하는 장치입니다. 재순환 시 저출력 구간은 블로어, 중·고출력 구간은 이젝터에서 재순환이 이뤄지며 재순환 수소의 흡입량을 높이는 역할을 합니다.

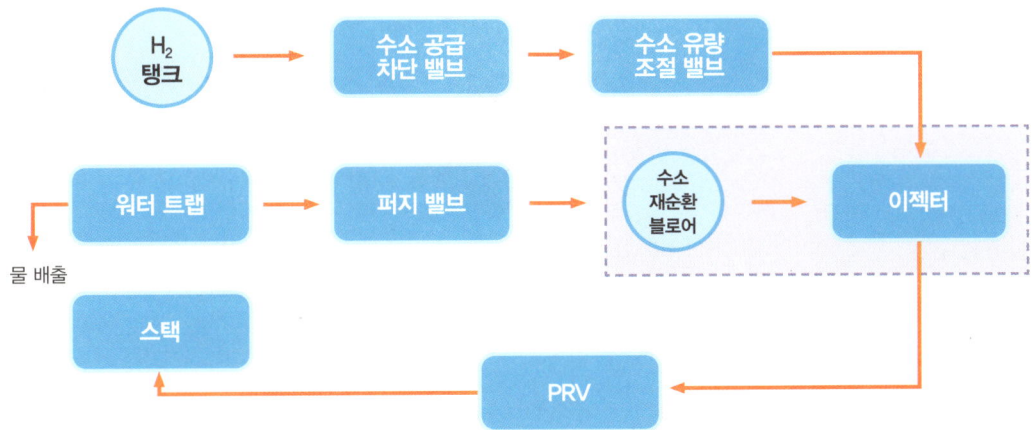

[그림 2.3.1-6] 이젝터를 활용한 수소의 재순환

■ **호그린에어: 수소 모빌리티 응용 기술**

영국 인텔리전트 에너지(Intellinget Energy) 사의 한국 총판이자 드론 전문 업체로, 항공 모빌리티에 연료전지를 결합해 수소 항공 모빌리티 시장을 선도하는 기업입니다. 호그린에어는 수소 드론뿐만 아니라 가정용 수소 발전 분야까지 사업을 확장하며 수소 전문 기업으로 변환을 시도하고 있습니다.

[그림 2.3.1-7] 800W 연료전지

■ **두산퓨얼셀: 건물용 연료전지**

두산퓨얼셀은 부생 수소를 활용하는 연료전지 114대를 설치해 약 16만 가구가 사용할 수 있는 연간 40만MWh 규모의 전력 발전소를 지었습니다. 두산퓨얼셀에서는 수소를 이용한 친환경 고효율의 발전용 연료전지를 개발하고 있습니다.

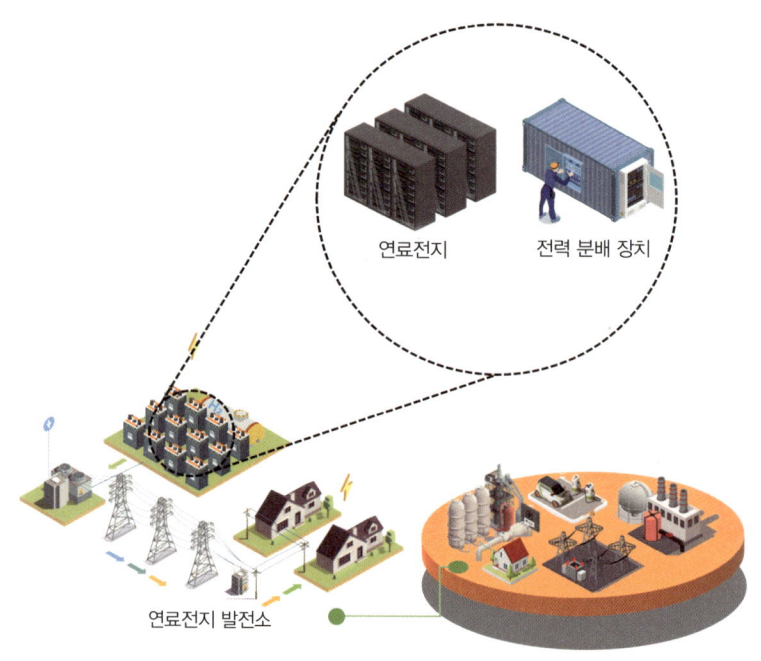

[그림 2.3.1-8] 연료전지 발전소

■ **한국가스공사: 수소 전담 조직 신설 및 수소 사업**

한국가스공사(KOGAS)에서는 사업 범위에 수소 사업을 추가했고, 정규 조직을 신설해 운영 중입니다. 전국적으로 수소 공급 관리소를 보유하고 있고, 이를 활용해 수소 인프라 및 유통망을 경제적이고 효과적으로 구축하고 있습니다. 사내에 수소 사업 조직을 확대·개편해 수소 산업 육성의 주체로서의 역할을 하고 있고, 상품을 다양화(천연가스+수소)하여 시장을 발굴함으로써 종합 에너지 기업으로 도약하고 있습니다.

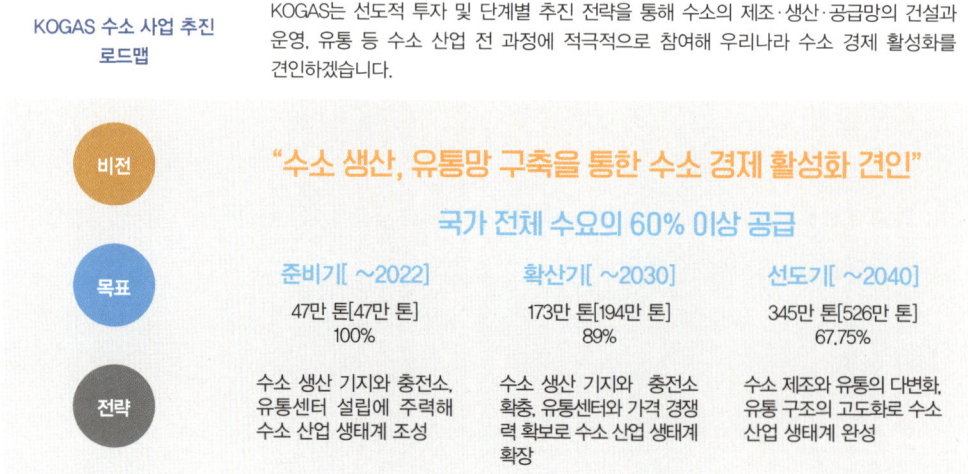

[그림 2.3.1-9] 한국가스공사의 수소 사업 로드맵

■ **중소벤처기업부, 울산광역시, 현대건설기계: 수소응용시스템**

중소벤처기업부와 울산광역시 그리고 현대건설기계에서는 실내 물류 운반 기계(수소 지게차, 무인 운반차), 이동식 수소 충전소 등과 파워팩(전기를 자체 생성하는 발전기), 연료전지 스택과 고전압 배터리, 수소 탱크, 냉각 장치 등의 일체화 시스템을 개발하고 있습니다.

[그림 2.3.1-10] 연료전지 활용 모빌리티

2.3.2 수소 경제

• **청정 수소 발전 의무화 제도(HPS)**

수소 공급 의무화 제도(HPS, Hydrogen Energy Portfolio Standard)는 태양광, 풍력 등이 모두 포함된 기존의 신재생 에너지 공급 의무화(RPS, Renewable Portfolio Standard) 제도(에너지 발전 사업자에게 총 발전량의 일정량 이상을 신재생에너지로 공급하도록 의무화한 제도)에서 수소 연료전지만 분리해 별도의 의무 공급 시장을 조성하는 제도로, 2022년부터 도입할 예정입니다.

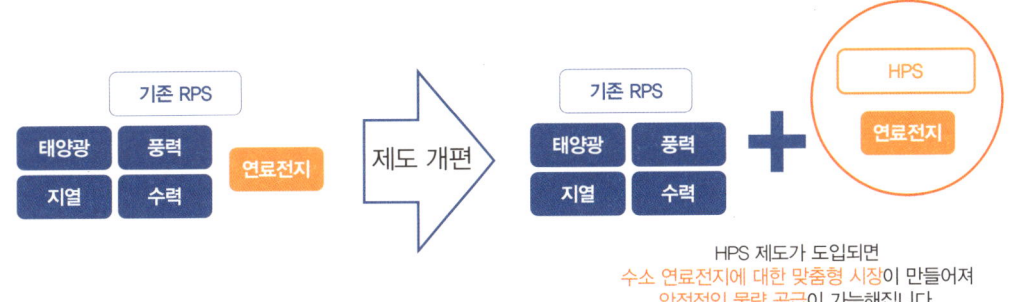

[그림 2.3.2-1] 수소 발전 의무화 제도

• 수소 관련 주요 분야별 투자 계획

정부에서는 수소 경제 활성화와 민간 투자의 성공을 통해 수소 경제 시장 확대 및 경제성을 제고시켜 추가 투자와 기업 유입으로 이어지는 선순환 구조를 구축하기 위해 그린·블루 수소의 생산, 액화 수소 실증을 위한 저장·유통 플랜트, 발전 및 수소차 등의 분야에 23조 원을 투자할 예정입니다.

■ 청정(블루, 그린) 수소 생산

개질 수소와 부생 수소는 추출 과정에서 이산화탄소가 발생해 '그레이수소'라고 불립니다. 현재 우리나라에서는 사용 수소 중 99%가 부생 수소이며 이산화탄소가 배출되는 만큼 친환경 수소라고 보기 어렵습니다. 하지만 부생 수소 생산 과정에서 나오는 이산화탄소를 포집·제거해 만드는 블루수소의 경우에는 청정 수소라고 볼 수 있습니다. 주로 천연가스에서 수소를 추출하는데, 공정 과정에서 부가적으로 생산되는 이산화탄소는 포집해 암반지층에 저장하는 방식으로 생산되는 수소입니다.

기업의 경우 부생 수소를 청정 수소로 바꾸기 위한 기술을 개발하고 있습니다. 대표적인 예로 전기를 활용해 물을 분해하여 수소를 생산하는 기술이 있는데 이렇게 생산된 수소를 '그린수소'라고 부릅니다. 그린수소는 대표적인 청정 수소로, 전체 생산 과정 중 이산화탄소가 나오지 않지만, 높은 생산 비용 문제로 경제성이 떨어진다는 단점이 있습니다.

최근 국내 기업에서 투자한 청록수소의 경우, 천연가스에서 수소를 생산하되, 탄소를 고체 상태로 분해합니다. 기체 이산화탄소가 나오지 않는다는 점에서 블루 수소보다 친환경적이고 블루수소 생산에 필수적인 탄소 포집·저장(CCUS, Carbon Capture Utilization and Storage) 공정을 거치지 않아 생산 비용이 적다는 장점이 있습니다.

청록수소 생산 방식은 현재 대부분의 수소 생산이 그레이나 블루 단계에 머물고 있으며 높은 생산 효율을 통해 친환경 수소 양산의 좋은 대안이 될 수 있습니다.

[그림 2.3.2-2] 그레이수소, 블루수소, 그린수소

이에 따라 정부에서는 그레이 수소에서 청정(블루, 그린, 청록) 수소로 생산 패러다임을 전환하기 위해 그린 수소 R&D 및 대규모 그린 수소 생산 기지를 설치할 예정입니다.

| 생산 | 그레이수소
(부생, 추출) | 블루수소(CCUS)
CCUS 설비투자,
CO_2 운송선박 건조 | 그린수소(수전해)
수전해 R&D 및 실증,
생산기지 구축 |

정부에서는 청정 수소 인증제 도입 → 단계적 그린수소 의무화 → 다양한 규모·방식의 그린수소 실증 지원 → 선제적으로 청정 수소 활용 인프라 구축 → 지원·규제 개선의 체계적인 과정을 통해 청정 수소를 실증하고 확산·보급할 예정입니다.

■ **액화 수소 생산·유통**

고압 기체 수소에서 저압, 고효율 액화, 액상 등으로 다양화할 예정이며, 수소의 저장 효율을 향상시켜 시장성을 키울 예정입니다.

| 저장
운송 | 고압 기체 | 액화 수소·충전소 | 그린 암모니아 |

고압의 기체 수소와 달리 대기압에서 대량 저장이 가능하고, 운송, 충전소 부지 면적, 사용량, 안전성 및 경제성도 우수한 액화 수소 생산 시설 및 충전소 관련 안전 규정을 마련할 예정입니다.

[표 2.3.2-1] 기체 수소와 액체 수소 저장 및 운송 효율 비교표

	기체 수소	액화 수소
저장	고압으로 압축(200기압 이상)	극저온(-253도) 상태로 액체화(대기압)
운송	1회 운송 300kg 소규모 운송 → 근거리 지역 적합	1회 운송 3톤 이상 대용량 운송 → 장거리 및 순환 공급
충전소	200평 이상 면적 1일 버스 10대(승용 50대)	기체 충전소의 $\frac{1}{3} \sim \frac{1}{10}$의 면적 1일 버스 40대(승용 20대)
적합도	저렴한 부지에 도심 외곽 지역	고가에 부지가 협소한 대도시

■ **연료전지 보급 확대 및 모빌리티 다양화**

연료전지는 작게는 소형 휴대 기기부터 크게는 대형 선박과 발전소까지 활용할 수 있을 정도로 무궁무진한 에너지 발전원입니다.

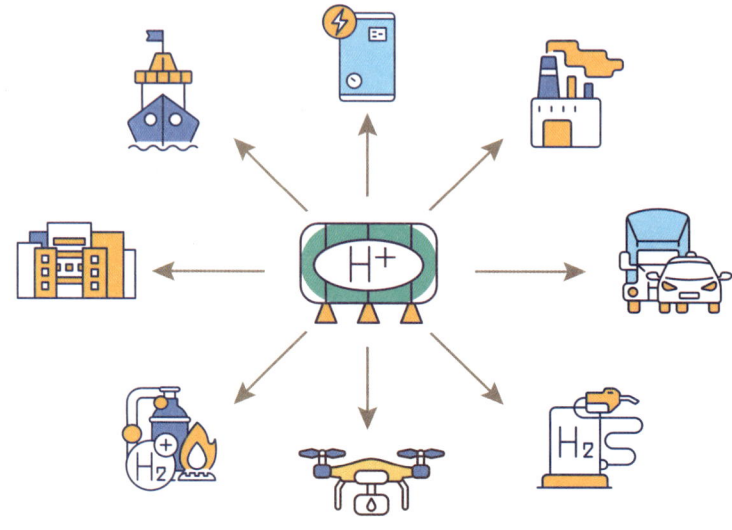

[그림 2.3.2-3] 연료전지 활용 방안

모빌리티 다양화, 연료전지 보급 확산·수소 혼소 발전(기존 LNG 발전에 수소 연료를 혼합, 이를 연소한 가스로 터빈을 돌리는 발전 방식) 등 여러 분야에 활용할 수 있으며 현재까지 화석 에너지를 대체할 유일한 에너지로 평가받고 있습니다.

| 활용 | 승용차 연료전지(RPS) | 상용차 연료전지(HPS) | 건설 기계 수소 혼소 발전 |

[표 2.3.2-2] 주요 국가 수소 경제 비전

국가	주요 사항	소요 예산	담당 기관
일본	**일본 수소연료 개발 기본전략(2017)** • 탈탄소화와 에너지의 안정적인 확보를 위한 '수소 사회' 개념 수립 • 수소 수입 방안 수립(2040년 이후 그린수소 생산에 집중) • 전력 산업에 수소 연료 사용 • 연료전지 자동차 수출 확대(도요타 등)	2020년 정부 예산 6억 6,400만 달러	각료 회의 내 재생 에너지 및 수소과, 경제통산산업부 등
대한민국	**한국 수소 경제 로드맵 2040(2019년 발표)** • 620만 연료전지 전기차 생산과 2040년까지 1,200개 수소 연료 충전소 설치 목표 수립 • 수소 수입 방안 수립 • 연료전지 자동차(현대 등)와 전력 발전소용 연료전지 수출 방안 수립	2조 6,000억 원 (약22억 달러), 산업 환경시스템 구축 예산 (수소차 2022 프로젝트)	산업통상부, H2KOREA(ppp) *2020년 1월, 법적 근거 마련
호주	**호주 국가 수소 개발 전략 2019** • 수소 수출 방안 수립 및 가격경쟁력 재고(H_2 이니셔티브: 킬로당 1.4달러 이하) • 태양광, 풍력, 수력 기반 신재생 에너지 공급망에 수소 포함 • 수출 기반 수소 및 저장 장치(CCS) 제조 인프라 구축 • 화학 연료를 저탄소 수소 생산으로 호환	2015~2019년 2억 9,700만 달러, R&D 및 시범 프로젝트 비용	호주 수소위원회 연료 및 에너지 단지, 도로 교통, 컨설팅 관련 민간 단체
EU	**기후 중립을 위한 수소 전략 2020** • 기후 중립 및 제로 오염 실현 • 풍력 및 태양광에서 수소 이용 비중 확대	1억 4,500만 유로 (약 1억 7,000만 달러), 2030년까지 보조금으로 투입 예정	유럽 순수수소연합 각 국가별 비즈니스 및 시민 대표부
독일	**독일 국가 수소 전략 2020** • 기후 중립 달성 • 그린수소 수입과 현지 생산 방안 마련 • 운송 및 산업 적용 등 사용화 방안 마련 • 'Power-to-X 기술(전력 발전 호환성 제고, 에너지 저장 방식, 신재생 에너지 잉여분 송배전 방법 등)' 발전 계획 수립	2016~2026년 14억 유로(약 17억 달러)는 기술 혁신 개발금, 2020~2023년 11억 유로는 R&D 및 기술 이전 비용, 90억 유로 (106억 달러)는 보조금 등으로 투입	독일 연방정부의 수소 내각위원회, 국가수소 위원회, 컨트롤센터

국가	주요 사항	소요 예산	담당 기관
프랑스	청정 수소 개발을 위한 국가 전략 2020 • 기후 중립 달성 • 그린수소의 현지 생산성 및 전기 분해 역량 확대 방안 마련 • 운송 및 산업 적용 등 상용화 방안 마련	2030년까지 72억 유로(약 85억 달러) 투입	국가수소위원회 프랑스 수소 및 연료 전지협회
네덜란드	수소 개발 정부 전략 2020 • 기후 중립 달성 • CCS를 포함한 그린수소의 현지 생산성 및 전기분해 역량 확대 방안 • 에너지 허브 역할 강화	2021년부터 연 350만 유로(약 410만 달러) 투입(그린 수소 개발금)	정부 및 정부 기관
포루투갈	국가 수소 전략 2020 • 기후 중립 달성	2030년까지 70억 유로(약 83억 달러) 투입	정부
노르웨이	노르웨이 수소 전략 2020 • 기후 중립 달성 • 그린수소의 현지 생산성 및 전기 분해 역량 확대 방안 마련 • 운송 및 산업 적용 등 사용화 방안 마련	1억 2,000만 크로네 (약 130억 달러) 투입	정부

2.3.3 수소 경제의 해결 과제

• **수소 생산 비용**

수소는 생산 비용 때문에 현재 그레이(부생, 추출) 수소에 의존하고 있습니다. 부생 수소는 석유 화학 공정이나 철강 등을 만드는 과정에서 부수적으로 나오는 수소로, 생산량에 한계는 있지만 수소 생산을 위한 추가 설비나 투자 비용이 적어 경제성이 높습니다.

순수한 수소를 생성하기 위해서는 추가적인 에너지와 비용이 많이 발생합니다. 현재 그린수소 생산 단가는 1kg당 10~15달러 수준(2020년 기준)이며, 부생 수소보다 약 5배 정도의 비용 차이가 납니다. 수소위원회(수

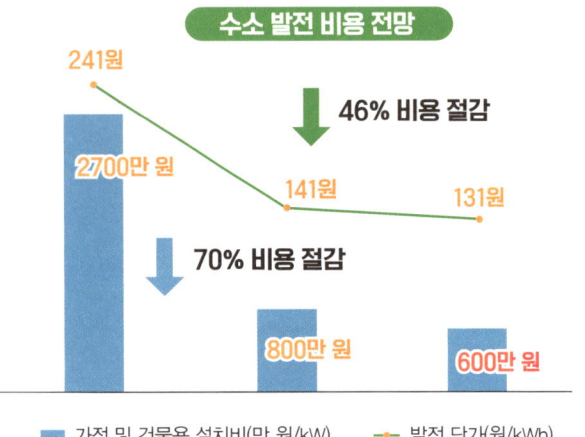

[그림 2.3.3-1] 수소 발전 비용 전망

소 경제 관련 글로벌 CEO 협의체)에서는 2030년까지 그린 수소 생산 단가를 1kg당 5달러 미만으로 만들 수 있다고 전망하고 있습니다.

• 수소 저장·운송 인프라 부족

수소의 낮은 저장 밀도가 대용량 저장과 장거리 운송을 어렵게 합니다. 그리고 수소를 저장하기 위한 인프라를 구축하는 데도 위해서도 많은 비용이 발생합니다.

이러한 문제점들을 해결하기 위한 전략이 바로 액화 수소 형태로 저장 및 운송하는 것입니다.

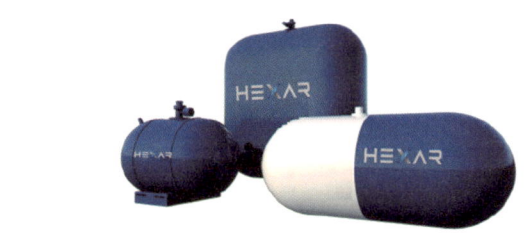

▲ 드론용 수소 탱크(출처: hexar.com)

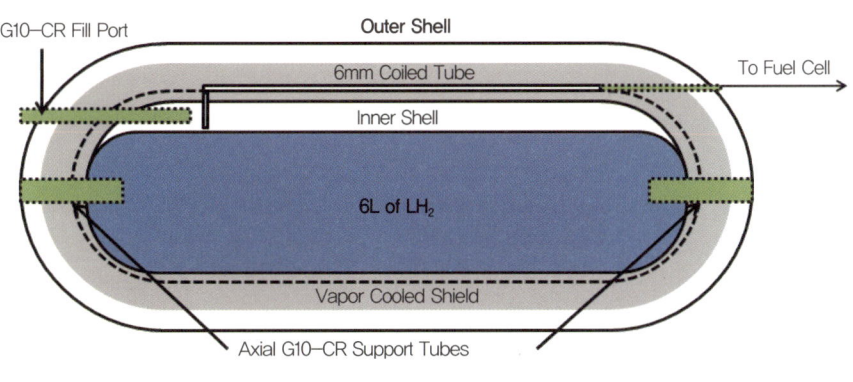

▲ 6L VA UAV LH2 탱크의 간략한 개략도

[그림 2.3.3-2] 액체 수소 저장 탱크

• 값비싼 촉매

현재 수소 연료전지는 백금을 촉매로 활용하여 운용하고 있지만, 기술이 점차 발전하면서 기존 촉매보다 백금의 양을 많이 줄여 사용하는 데 성공했으며, 국내 KAIST와 KIST가 공동으로 개발한 3차원 나노 촉매 소재를 활용하여 촉매를 대체하게 된다면 촉매의 단가를 현저히 낮출 수 있다고 판단됩니다.

Part 3
수소 액화기와 액화 수소의 활용

수소는 에너지원뿐 아니라 에너지 캐리어로서도 큰 장점을 가지고 있습니다. 따라서 수소 생산만큼 중요한 것이 '저장'과 '운송'입니다. 현 시점에서 수소의 저장과 운송을 위한 가장 합리적인 방법은 '액화'뿐입니다. 따라서 우리는 수소액화 및 저장·운송 기술에 대한 다양한 방법론을 실용화해야 합니다.

Hydrogen Fuel Cell Drone

Chapter 1 수소 사회로 가는 길

수소 사회로의 전환은 에너지 자립과 경제성을 따져보았을 때 필수불가결한 전환입니다. 수소 사회로 가기 위해서는 액화 수소가 필수이며, 액화 수소를 통해 저장 효율과 운송 효율을 향상시키고, 더 나아가 수소를 활용할 수 있는 모든 분야에 적용해 나가야 할 것입니다.

이제 곧 에너지 패러다임이 바뀝니다. 탄소 에너지에서 수소 에너지로 바뀌는 변화의 시기에 우리는 무엇을 어떻게 준비해야 할까요? 수소 사회로 가는 길에 병목 구간은 어디일까요? 혼돈과 변화무쌍한 시기에 우선순위를 잘 분별하여 필요한 기술을 먼저 개발하는 기업이 성공한 미래 기업이 될 것입니다.

3.1.1 에너지 캐리어로서의 수소의 특장점

[그림 3.1.1-1]과 [그림 3.1.1-2]는 최근 제주도의 월별 평균 전력 수요 패턴과 전력 수급에 따른 재생 에너지 발전 현황을 나타낸 것입니다. 전력 수요 패턴은 5월을 제외하고는 낮 시간에 서서히 증가하여 저녁 19~21시에 최고 수요를 나타냅니다. 반면, 전력 수급과 재생 에너지 발전 현황을 보면 수급과 발전이 상반된 경향성을 나타낸다는 것을 알 수 있습니다. 다시 말해 전력 수급이 필요한 19~21시 사이에 재생 에너지 발전은 오히려 크게 감소하는 경향을 보입니다(태양이 사라졌으니 당연한 것 아닌가!).

따라서 전력 수요가 상대적으로 낮고 발전량이 많은 낮 시간에 발전된 전력을 에너지 저장 매체에 저장했다가 전력 수요가 높아지는 저녁 시간에 내보낸다면 안정적이고 효율적인 수요와 공급 시스템을 확보할 수 있을 것입니다. 이를 위해 필요한 것이 ESS(Energy Storage System)입니다. 그러나 배터리 형식의 ESS는 화재 위험과 같은 안정성 문제와 고가의 비용 등 여러 문제들이 상존하는 바 새로운 에너지 저장 매체에 대한 요구가 크게 증가하고 있습니다.

이런 상황에서 수소는 더 없이 좋은 아이템입니다. 왜냐하면 수소는 에너지원 자체로서도 큰 의미가 있지만, 에너지 캐리어(저장 및 이송 매체)로서도 더할 나위 없이 좋은 물질이기 때문입니다. 예를 들어, 낮 시간에 태양광과 풍력 발전을 통해 전력 수급을 담당하면서 남는 전력을 활용하여 수소를 생산하고 저장해 둡니다. 그리고 상대적으로 전력 수요가 큰 저녁 시간에 수소 연료전지를 통해 발전을 하여 전력을 공급한다면 전력 수요와 공급 시스템의 효율을 극대화할 수 있을 것입니다.

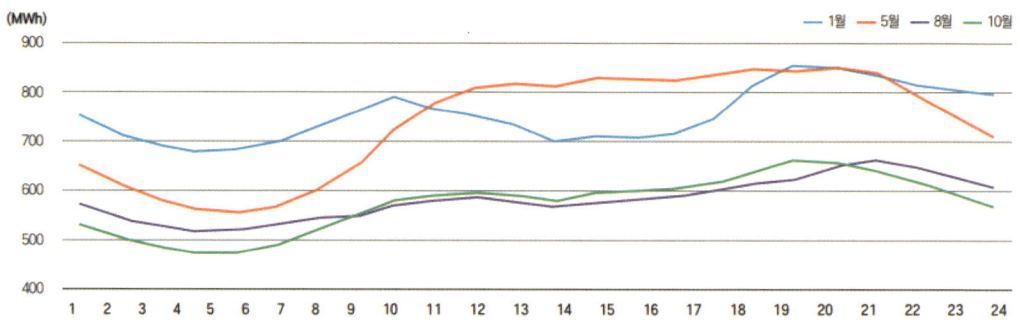

[그림 3.1.1-1] 2019년 제주도 월별 평균 전력 수요 패턴

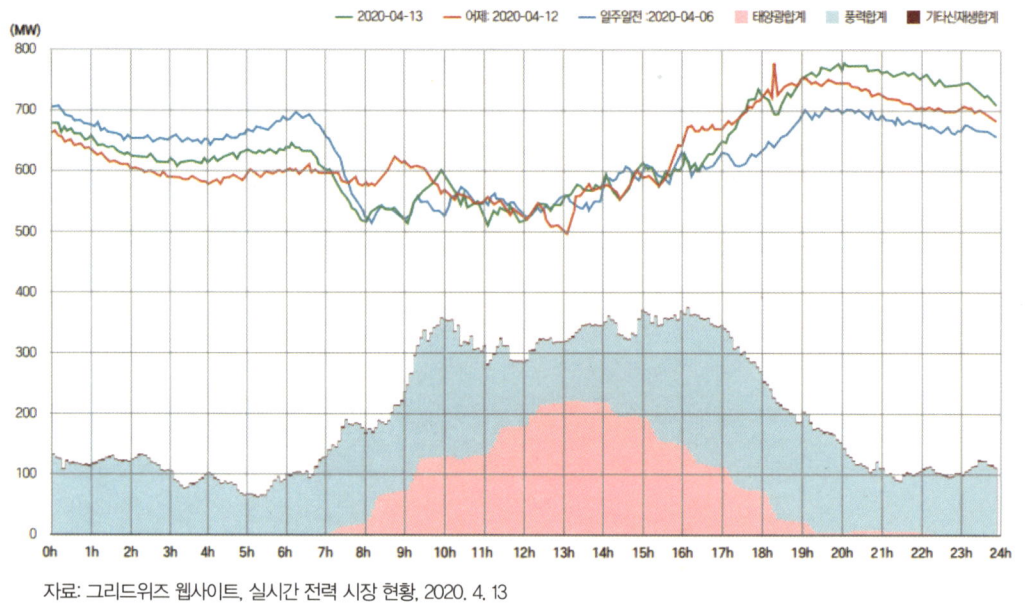

[그림 3.1.1-2] 제주도 전력 수급 및 재생 에너지 발전 현황

[그림 3.1.1-1], [그림 3.1.1-2]의 자료 출처: 〈제주도의 재생 에너지 확대와 전력 계통의 안정적 운영 방향〉(이태의, 이유수 에너지경제연구원)

3.1.2 수소 활용에 있어 가장 큰 걸림돌

　수소를 미래 세대의 에너지원이나 에너지 캐리어로 활용하고자 할 때 걸림돌이 되는 가장 큰 물리적 성질은 '가연성(폭발성)'과 '에너지 저장 밀도'입니다. 전자는 안전(성)과 관련

된 문제이기 때문에 별도로 다루기로 하고, 효율성을 생각하는 공학적인 의미에서 가장 큰 문제점은 후자입니다(다음 [표 3.1.2-1]과 [그림 3.1.2-1] 참고).

특히 수소의 단위 부피당 에너지 저장 밀도는 낮아도 너무 낮습니다. 더욱이 수소는 액화하더라도 단위 중량당 부피가 다른 액화 가스에 비해 큰 것도 문제입니다. 예를 들어 해외에서 액화 수소를 선박으로 공급받는다 하더라도 중량 대비 부피가 크기 때문에 더 큰 수송선박을 제작하거나 더 자주 왕복해야 한다는 문제점이 있습니다. 그러나 현재로서는 최선의 방법으로 간주되고 있습니다. 대안으로 액상(LOHC 또는 암모니아)으로 수소를 저장하고 운송하는 방법이 연구되고 있지만, LOHC(Liquid Organic Hydrogen Carries, 액상 유기물 수소 저장체 기술) 분야는 답보 상태이고, 암모니아는 독성 문제, 복잡한 공정에 따른 비용 증가, 지속적인 유지관리 문제 등 극복해야할 문제가 여전히 많이 남아 있습니다.

[표 3.1.2-1] 수소의 에너지 밀도와 액화 수소의 밀도

H_2의 에너지 캐리어 특성	내용	비고
단위 무게당 수소 에너지 밀도	33.3[kWh/kg](~120MJ/kg)	가솔린(13kWh/kg)보다 3배 높음
단위 부피당 수소 에너지 밀도	2.97[kWh/m^3]	표준 조건(cf. 기체 수소 밀도: 0.08988 g/L)

LH_2의 밀도	내용	비고
액화 수소의 밀도	71[kg/m^3]	표준 조건
단위 중량당 부피	14.08[L/kg]	cf. 물은 1kg이 1L임

3.1.3 수소 활용의 국내 동향

2019년 우리 정부는 '수소 경제 활성화 로드맵'을 야심차게 발표했습니다. 우리나라에 강점이 있는 '수소차'와 '연료전지'를 양대 축으로 수소 경제를 선도할 수 있는 산업 생태계를 구축하겠다는 것이 핵심 내용입니다. 특히, 수소차는 누적 생산량을 2018년 2,000대에서 2040년까지 620만 대로 확대하여 세계 시장 점유율 1위를 달성하는 것을 목표로 하고 있습니다. 이를 위한 수소 충전소는 2018년 14개소에서 2040년에는 1,200개소까지 확대하는 계획입니다. 이와 동시에 수소 택시 8만 대와 수소 버스 4만 대, 수소 트럭 3만 대를 보급하겠다는 계획도 포함하고 있습니다. 이에 더하여 CO_2가 전혀 배출되지 않고 도심지에

소규모로 설치할 수 있는 친환경 분산 전원으로 부상하고 있는 발전용 연료전지를 2040년까지 15GW 이상으로 확대하여 수출 산업화하는 것까지도 포함합니다.

한편, 이를 위해서는 경제적이며 안정적인 수소 생산 및 공급 시스템이 먼저 조성되어야만 합니다. 수소 공급은 부생 수소, 추출 수소, 수전해 그리고 해외 생산을 통해 이루어지는데, 2020년 업데이트된 로드맵에 따르면 2040년까지 526만 톤을 외부로 공급하되, 이 중 추출 수소는 30%, 부생 수소와 수전해, 해외 생산 수소를 70%의 비율로 공급하는 것이 목표입니다. 이를 통해 원활하고 경제적인 수소 유통 체계를 구축하고, 수소 가격을 2040년까지 kg당 3,000원 이하로 낮추고자 하는 것입니다. 이를 금액으로 환산하면 약 16조에 해당합니다.

정부(산업통상자원부)는 이 모든 내용을 수소 경제 활성화 로드맵에서 다음 [그림 3.1.3-1]과 [표 3.1.3-1] 하나로 도식화하여 발표한 바 있습니다(참고: 현재 차량용 수소 가스 충전소에서 거래되는 수소의 가격은 kg당 8,000원입니다. 반면, 일반 가스 충전소에서 거래되는 수소의 가격은 kg당 12~13만 원입니다. 통용되는 표준 용기는 47L이며, 통상 120bar 정도 봉입되어 있습니다. 무게로 환산하면 약 0.43kg이며 가격은 6만 원선입니다.)

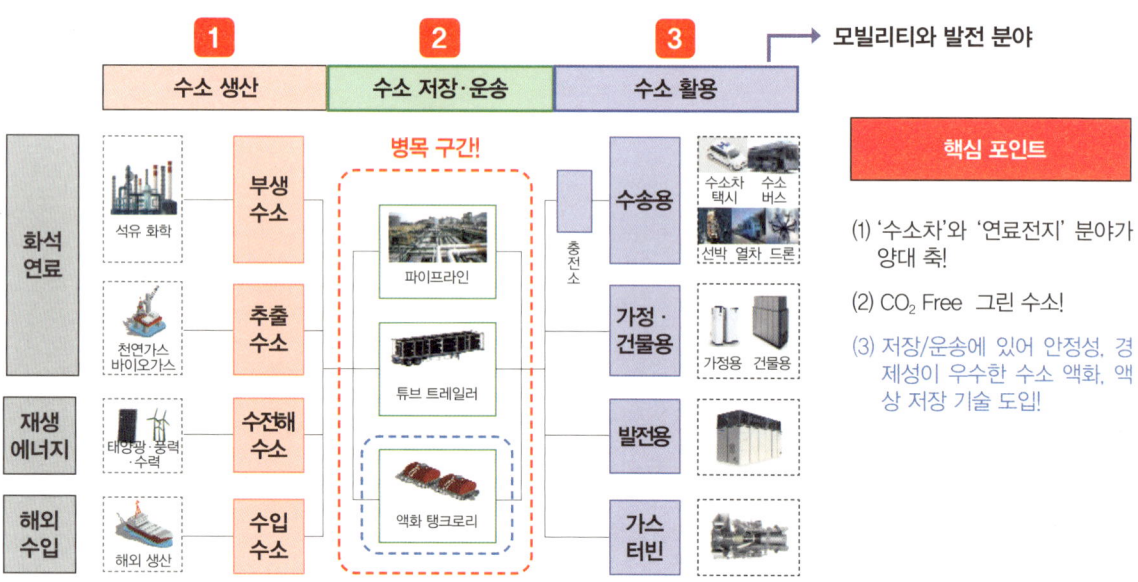

※ 노트: 고압 기체 저장과 관련된 규제를 완화하고, 안전성·경제성이 우수한 수소 액화·액상 저장 기술을 개발!

[그림 3.1.3-1] 수소 경제 개념도(수소 생산, 저장과 운송, 활용 전 주기)

[표 3.1.3-2] 수소 경제 활성화 로드맵 요약(2019)

	구 분		2018년			2022년			2040년
활용	모빌리티	수소차	1.8천 대 (0.9천 대)			8.1만 대 (6.7만 대)		〈2030〉 전 차종 생산 라인 구축	620만 대 (290만 대)
		승용차	1.8천 대 (0.9천 대)		〈~2022〉 핵심 부품 100% 국산화 연 생산량 3.5만 대	7.9만 대 (6.5만 대)	〈2023〉 전기차 가격 수준	〈2025〉 상업적 양산 (연 10만 대 생산) 내연차 가격 수준	590만 대 (275만 대)
		버스	2대			2천 대		80만 km 이상 내구성 확보	6만 대 (4만 대)
		택시	–	〈2019〉 10대 시범사업	〈2021〉 주요 대도시 적용	–	전국 확대	50만 km 이상 내구성 확보	12만 대 (8만 대)
		트럭	–		5톤 트럭 출시	10톤 트럭		핵심 부품 100% 국산화	12만 대 (3만 대)
	수소 충전소		14개소 (1,000만 원/kg)			310개소		300만 원/kg 핵심부품 100% 국산화	1,200개소
	선박, 열차, 드론, 기계 등			R&D 및 실증			'30년까지 상용화 및 수출		
에너지	연료전지	발전용	307MW	〈2019〉 전용 LNG 요금제신설	〈2022〉 설치비 380만 원/kW	1.5GW (1GW)	〈2025〉 중소형 가스터빈 발전 단가 수준	〈~2040〉 설치비 35%, 발전 단가 50%	15GW (8GW)
		가정·건물용	7MW		설치비 1,700만 원/kW	50MW		설치비 600만원/kW	2.1GW
	수소 가스터빈			R&D			실증	'30년 이후 상용화 추진	
수소 공급	수소 공급량		13만 톤/년			47만 톤/년			526만 톤/년
	생산 방식		화석 연료 기반 부생 수소 추출 수소	수요처 인근 대규모 생산		수전해 활용	수전해 수소의 대용량 장기 저장 기술개발	해외 수소 도입 대규모 수전해 플랜트 상용화	그린 수소 활용 (수전해+해외 생산)
	수소 가격		–			6,000원/kg (현 휘발유의 50%)		4,000원/kg	3,000원/kg

[표 3.1.3-3] 수소 공급 및 가격(상세)_2020년 업데이트

		2018년	2022년	2030년	2040년
	공급량 (= 수요량)	13만 톤/년	47만 톤/년	194만 톤/년	526만 톤/년 이상
공급 가격	공급 방식	① 부생 수소(1%) ② 추출 수소(99%)	① 부생 수소 ② 추출 수소 ③ 수전해	① 부생 수소 ② 추출 수소 ③ 수전해 ④ 해외 생산 ※ ① + ③ + ④: 50% ②: 50%	① 부생 수소 ② 추출 수소 ③ 수전해 ④ 해외 생산 ※ ① + ③ + ④: 70% ②: 30%
	수소 가격	(정책 가격)	6,000원/kg (시장화 초기 가격)	4,000원/kg	3,000원/kg

※ 주기: 수소 공급량(수요량): 국내 연간 수소 생산량이 아님. 생산된 수소 중 국내 자체 소비 후 외부 판매가 가능한 잉여 수소를 의미함. 예를 들어 2016년도의 공급량(잉여 수소)은 23만 톤이었으며, 당시 국내 수소 총생산량은 약 164만 톤이었음.

[그림 3.1.3-1]과 [표 3.1.3-2] 가운데서 가장 큰 문제가 되는 것은 '저장'과 '운송' 부문입니다. 이 부문은 수소 경제 활성화 로드맵에서 가장 해결하기 어려운 병목 구간으로, 해결할 수 있는 다른 방법이 없습니다. 첫째, 파이프라인, 둘째, 튜브 트레일러, 셋째, 액상 또는

액화 탱크로리 및 대형 저장탱크의 이 세 가지 길뿐입니다.

조금 지난 자료이긴 하지만 2017년 수소 융합 얼라이언스의 제공 자료에 따르면, 현재 국내 총 수소 생산량은 연간 160만 톤에서 190만 톤에 이르며, 이 중 외부 공급량은 26만 톤입니다. 이후 공급량이 증가 추세이긴 하지만 현재까지 드라마틱하게 상승하지는 않았습니다. 산업 현장에 주로 유통되는 수소는 납사 분해와 천연가스 개질 및 CA 공정을 통해 생산되며 덕양, SPG, 에어리퀴드를 통해 외부로 공급됩니다. 당시 기준으로 파이프라인이 22.9만 톤, 튜브 트레일러가 3.1만 톤을 담당하고 있습니다(참고로 국내의 총 튜브 트레일러의 수량은 500대 정도로 추정).

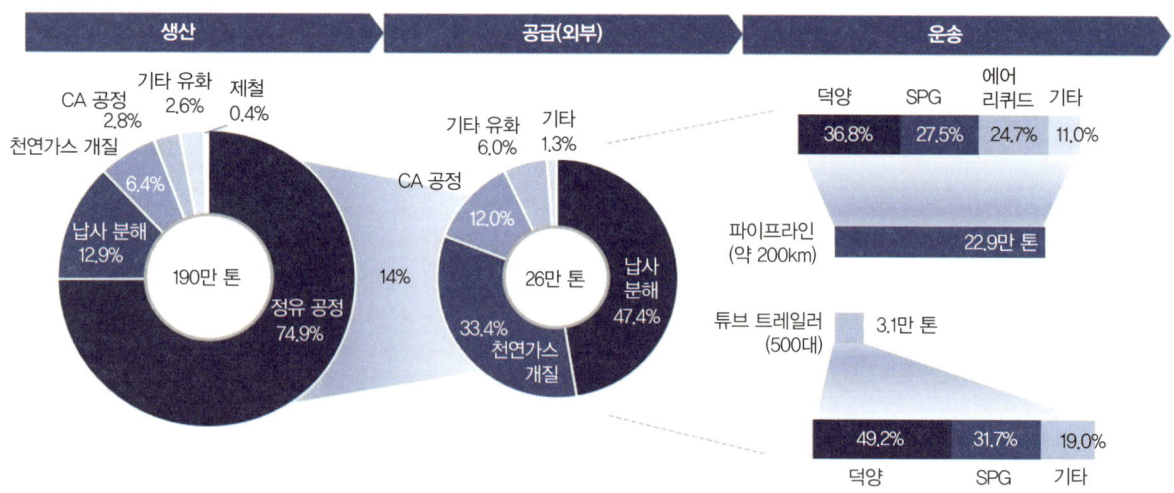

[그림 3.1.3-2] 국내 수소 생산량과 운송 수단에 따른 외부 공급량 비율(출처: 수소 융합 얼라이언스, 수소 수급 가격 체계 구축 방안(2017. 12.))

3.1.4 저장과 운송 - 수소 경제 활성화 로드맵에서의 병목 구간

• **파이프라인과 튜브 트레일러**

파이프라인과 튜브 트레일러를 통한 수소 가스의 고압 운송 방식은 한계가 있습니다. 배관망을 구축할 경우, 천문학적 설치 비용뿐만 아니라 그 이상의 유지관리 비용을 고려해야 합니다. 그리고 기술적으로 수소 취화 문제도 반드시 극복해야만 합니다. 파이프라인은 일반적으로 매일 수백 톤의 수소를 대량으로 사용하는 곳에 적합한 운송 방식입니다. 파이프라인 배관망 못지않게 튜브 트레일러도 한계가 분명합니다.

[그림 3.1.4-1]은 고압 기체 수소를 운송하는 튜브 트레일러입니다. 현재 국내에 운행 중인 튜브 트레일러는 40톤 급으로, 길이는 16m입니다. 그러나 고압 가스 안전 관리 규정 상 봉입 압력의 한계(250bar)로 인해 대당 200~250kg의 수소를 운송합니다. 이 양은 넥쏘 50대 정도의 충전 분량밖에 되지 않습니다. 만약 도심 지역에 수소 충전소가 있다면 하루 평균 튜브 트레일러가 4대 정도 출입해야 하며, 이로 인한 교통 혼잡과 민원 등 큰 어려움이 예상됩니다.

수소 운송 트레일러
현재: 40톤급, 16m
수송량: 200kg/대(현재)
만약 최대 500kg/대(기준),
22년 목표: 47만 톤/년
～ 94만 대/년
～ 2,575대/일
40년 목표: 526만 톤
～ 28,822대/일
▶ 16m x 2만 8,822 = 461km

[그림 3.1.4-1] 수소 튜브 트레일러(고압 가스 운송)의 한계

간단한 계산만으로도 그 어려움이 얼마나 심할지 정량적으로 파악할 수 있습니다. 만약 고압의 수소 가스 저장 용기의 제조 기술이 좋아져 튜브 트레일러가 현재 운송량의 2배인 500kg을 운송한다고 가정해 보겠습니다. 이렇게 할 경우 2040년 목표인 526만 톤을 처리하기 위해서는 매일 몇 대의 튜브 트레일러가 움직일지는 간단히 계산(526만 톤/0.5톤)할 수 있습니다. 매일 2만 8,822대의 튜브 트레일러가 전국 고속도로망을 헤집고 다녀야 합니다. 그런데 튜브 트레일러 차량 한 대의 길이가 16m이기 때문에 간격 없이 세운다하더라도 그 총 길이는 461km에 달합니다. 이는 서울-부산 간 경부고속도로(416km)의 길이보다 더 깁니다. 따라서 튜브 트레일러를 활용하여 고압 가스의 형태로 수소를 수요처로 모두 조달하는 것은 불가능합니다. 반드시 액상이나 액화 수소로 저장, 운송해야만 합니다.

- **액상 수소(LOHC와 암모니아)**

액상의 경우 LOHC(Liquid Organic Hydrogen Carries)와 암모니아로 구분할 수 있는데, 결론부터 이야기하면 아직도 갈 길이 멉니다. LOHC의 경우 일일이 열거하기 힘들지만 발표된 연구 자료나 문헌을 종합해 보면 아직 실험실 수준에서 수행되고 있으며 대용량 상용화를 위해서는 많은 난관이 있다는 것을 알 수 있습니다. [표 3.1.4-1]은 수소와 LOHC 및 암모니아의 에너지 캐리어 특성을 비교하여 정리한 것입니다(KIST의 윤창원 박사가 월간 《수소 경제》에 기고한 자료(2018. 6.)를 표로 정리함).

한편, 암모니아는 수소를 저장하고 운송하는 데 있어서는 큰 장점이 있습니다. 특히 수소 에너지 캐리어로서 암모니아를 1순위로 연구하는 분들이 내세우는 가장 큰 장점은 암모니아의 부피 대비 에너지 저장 밀도입니다. 액화 수소는 71[kg/m^3]인 반면, 암모니아는 121[kgH$_2$/m^3]이나 됩니다. 수소를 이용하여 암모니아를 만드는 하버보슈법은 아주 오래된, 그리고 이미 검증된 방식입니다. 무엇보다 생산과 저장 및 운송 그리고 응용 분야까지 이미 가치사슬(Value Chain) 네트워크가 완비되어 있습니다. 대용량 상용화만 남아 있다고 해도 과언이 아닙니다. 최근 수소 액화 분야와 함께 가장 크게 붐이 일어나고 있는 분야가 암모니아와 관련된 연구입니다.

[표 3.1.4-1] 수소, LOHC, 암모니아의 에너지 캐리어 특성(출처: 월간 《수소 경제》(윤창원 박사, KIST) www.h2news.kr)

H$_2$의 에너지 캐리어 특성	내용	비고
무게 대비 수소 에너지 밀도	33.3[kWh/kg](~120MJ/kg)	가솔린(1.3kWh/kg)보다 3배 높음
부피 대비 수소 에너지 밀도	2.97[kWh/m^3]	표준 조건 (cf. 기체 수소 밀도: 0.08988 g/L)
LOHC의 에너지 캐리어 특성	**내용**	**비고**
부피 대비 수소 저장 용량	> 55[kgH$_2$/m^3]	cf. 액화 수소: 71 [kg/m^3]
무게 대비 수소 저장 용량	> 6[wt%, 소재 기준]	수소 전기차(5kg) 10대 이상 충전
부피 대비 에너지 밀도	> 1.83[MWh/m^3], 소재 기준	cf. 액화 수소: 2.36 [MWh/m^3]
ex1 톨루엔+수소, 메틸시클로헥산(MCH)	47[kgH2/m^3], 6.1 [wt%]	일본 치요다화공건설(전체: 770.5kg)
ex2 디벤질톨루엔 기반 열매체유	57[kgH2/m^3], 6.2[wt%]	독일 하이드로지니어스(Hygrogenious) 사
ex3 에틸카바졸(N-ethylcarbazole)	1.9[kWh/kg], 5.8[wt%]	미국 에어프로덕트(DOE 지원)
ex4 바이페닐 + 디페닐메탄(액상 혼합물)	60.1[kgH2/m^3], 6.9[wt%]	한국 KIST(2017, 산자부/과기부 지원)
ex5 메틸인돌: 미국 + 독일 방식 혼용		중국 우한대 + Hynertech 사
암모니아(NH$_3$)의 에너지 캐리어 특성	**내용**	**비고**
부피 대비 수소 저장 용량	120.3[kgH$_2$/m^3], 17.3[wt%]	액화 수소 대비 1.7배 (NH$_3$: p = 682, M = 17)

그러나 암모니아는 여러 단계의 공정을 거쳐야 하는 번거로움과 이에 따른 비용 상승이 걸림돌입니다. 또한 수소를 암모니아로 만들었더라도 에너지원으로 사용하기 위해서는 결국 암모니아를 다시 수소로 환원해야만 합니다. 이 과정에서 여러 개의 공정과 많은 비용이 추가됩니다. 그런데 어떤 아이템의 산업화 성공 과정을 면밀히 살펴보면 비용 문제도 중요하지만 복잡한 공정과 물류를 거치지 않으려는 경향이 크다는 것을 알게 됩니다. 이는 복잡한 공정 관리에 따른 인건비 상승과 큰 유지 비용에 기인한 것으로써 자칫 잘못하면 배보다 배꼽이 더 큰 경우가 발생하기 때문입니다. 그리고 무엇보다 암모니아는 강한 독성과 냄새로 인해 반드시 사회적 합의를 거쳐야 하는 어려움이 남아 있습니다. 이전의 수많은 장점을 다 잠재우고도 남을 만큼의 치명적인 단점입니다. 지금처럼 적은 양이 유통될 때에는 그나마 가능한 이야기지만 수백 또는 수천 배의 양이 유통된다고 하면 사회적 거부감은 이루 말할 수 없을 것이기 때문입니다.

그럼에도 최근 선박 분야에서 암모니아를 연료로 사용하는 엔진 개발이 활발히 이루어지고 있습니다. 그러나 연소 후 발생하는 NOx 처리 문제 그리고 배기가스 환원 처리 공정에서 발생할 수 있는 CO_2보다 300배가량 온난화 계수가 큰 아산화질소(N_2O)의 문제는 반드시 해결해야 할 숙제입니다([그림 3.1.4-2] 참조). 자칫 잘못하면 빈대(CO_2)잡으려다 초가삼간(지구)을 다 태울 수 있기 때문입니다.

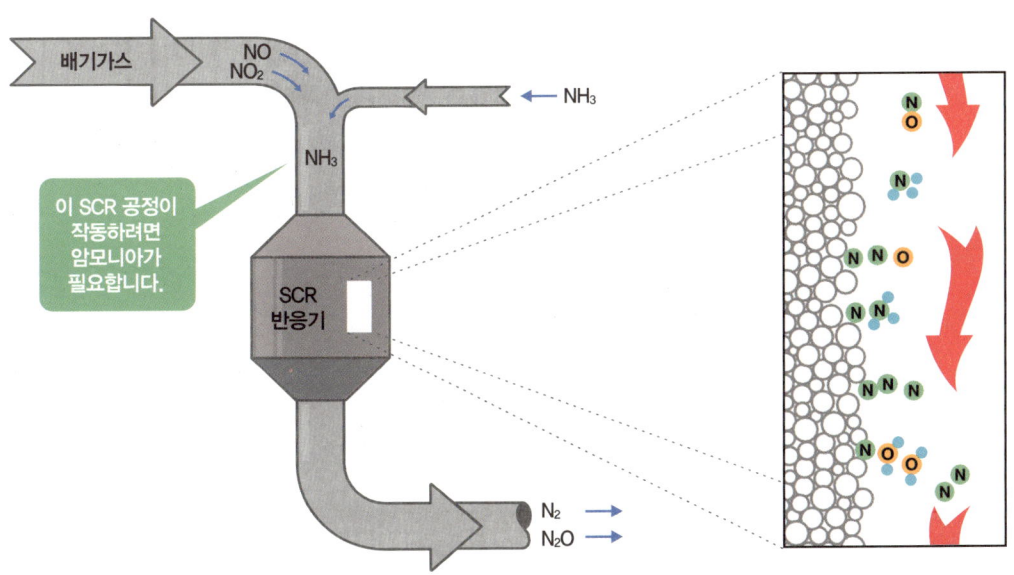

[그림 3.1.4-2] 암모니아 엔진의 선택적 오염 감소 프로세스(출처: https://www.ammoniaenergy.org/wp-content/uploads/2020/01/engineeringthefuturetwostrokegreenammoniaengine1589339239488-2.pdf/MAN의 공개 자료, the selective catalytic reduction process)

• 액화 수소

수소의 저장과 운송 분야에서 가장 현실적인 대안은 '액화 수소'입니다. 액화 수소도 암모니아와 마찬가지로 지난 50년간 사용해 오면서 안전성이 검증되었고(후발 주자인 우리만 모를 뿐), 전 주기에 걸쳐 인프라가 이미 잘 구축되어 있기 때문입니다. 지금까지 액화 수소는 우주 항공 산업에서 로켓의 연료로 사용되거나 반도체 공정과 같은 순도 높은 수소를 필요로 하는 곳에 적용되어 왔습니다. 따라서 수소 액화 기술과 플랜트는 주로 우주 항공 산업이 발달된 선진국, 예를 들어 미국, 프랑스, 독일 등을 중심으로 형성되어 왔습니다. 최근에는 후발 주자인 일본이 HySTRA 프로젝트를 계기로 성장을 주도하고 있습니다 ([그림 3.1.4-3] 참조).

한편, 수소 경제에 대한 투자와 관심이 전 세계적으로 크게 성장하고 있어, 기존에 액화 수소 시장을 선도하는 에어프로덕트, 에어리퀴드, 린데와 같은 업체들은 기술 유출을 막기 위한 기술 보호 장벽을 더욱 높이고 있는 상황입니다. 따라서 국내의 경우에는 비교적 후발주자였던 일본을 반면교사로 삼아 기술 내재화를 위해 정부와 공공 연구 기관 및 관련 공기업을 중심으로 기초부터 차근차근 다지는 방향으로 나아가야 할 것입니다.

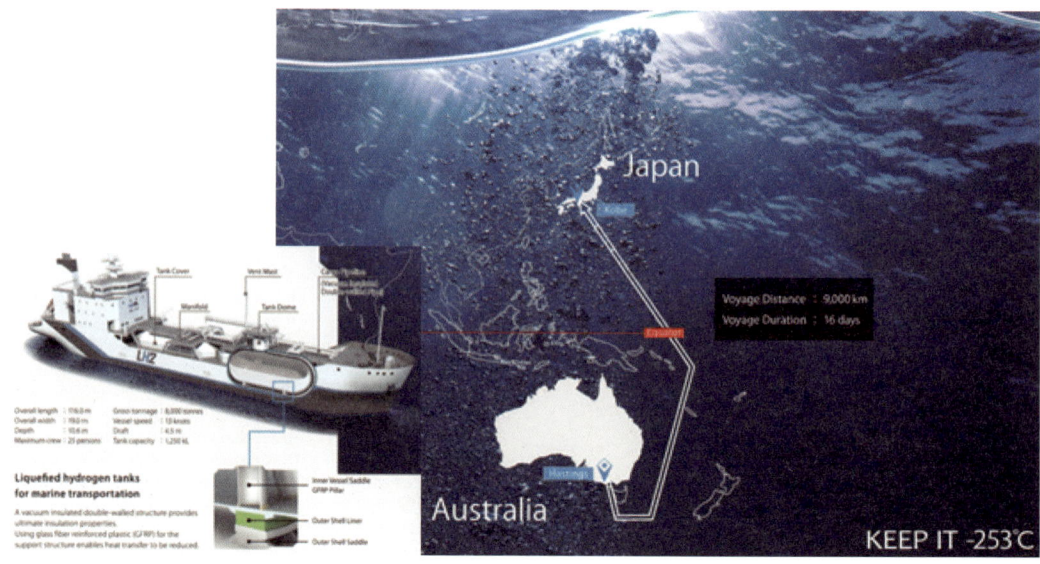

[그림 3.1.4-3] 일본의 HySTRA 프로젝트. 세계 최초 액화 수소 운반선을 통한 액화 수소 운송 프로젝트(출처: http://www.hystra.or.jp/en/project/)

결론적으로, [그림 3.1.4-4]에서 플렉스에어의 조 슈와르츠(Joe Schwartz)가 DOE와의 연례 미팅 자료에서 언급한 코멘트로 액화 수소의 당위성에 갈음하고자 합니다.

"액화 수소는 '수소 경제'를 나르는 최선의 방법은 아닐 수 있습니다. 그러나 지금과 같은 전환기에는 매우 중요한 역할을 담당할 것입니다(Liquid hydrogen might not be the best way to supply the 'Hydrogen Economy', but it will play a significant role in the transition period)."

중·장기적 안목으로 수소 경제를 바라볼 때 기술 발전과 함께 수소를 액상의 형태로 운송하는 것이 대세가 될 듯합니다. 실제로 그렇게 되는 것이 바람직합니다! 그러나 현시점에서는 수소를 운송하는 모든 방법이 각각 장단점을 가지고 있기 때문에 파이프라인, 고압 튜브 트레일러, 액상(LOHC와 암모니아)과 액화 수소 모두 환경에 따라 당분간은(?) 공존하면서 성장해 나갈 것으로 판단됩니다. 그러나 그 곳까지 가는 중간 단계(Transition Period)에서는 액화 수소가 가장 합리적인 대안이 될 것입니다.

▲ 액화 수소 탱크로리(Liquid Tanker)
4,500kg H$_2$

▲ 고압기체 수소 튜브 트레일러(Tube Trailer)
300kg H$_2$

- 차량 무게는 둘 다 약 8만 파운드(lbs)(대략 36톤(~40톤))으로 동일
- 액화수소는 '수소 경제'를 공급하는 최선의 방법은 아닐 수 있지만, 지금과 같은 전환기에는 아주 중요한 역할

[그림 3.1.4-4] 수소의 고압 기체 운송 대비 액화 수소 운송의 장점(출처: Joe Schwartz, Praxair – Tonawanda, NY, @ DOE Annual Merit Review Meeting_May 10, 2011)

Hydrogen Fuel Cell Drone

수소 액화의 기본 개념

Chapter 2

수소 액화를 이해하기 위해서는 수소의 물성을 먼저 이해하고 액화 사이클을 각종 선도상에서 표시하고 이에 따른 수소의 엔탈피 변화와 엔트로피, 현열과 잠열 등 열역학적 특성들도 알고 있어야 합니다. 2장에서는 이와 함께 열역학 물성 프로그램인 리프롭(Refprop)을 소개합니다.

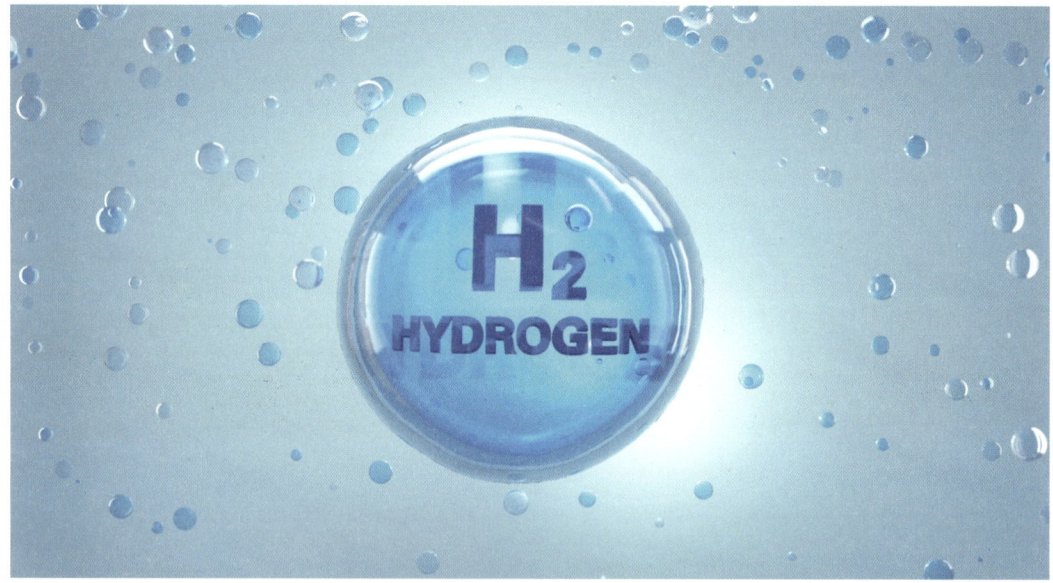

과거의 과학자들은 열이라는 개념을 동력으로 전환하려는 시도를 많이 했습니다. 동력은 물체의 힘과 운동을 연구하는 역학과 밀접한 관련이 있기 때문에 열과 역학을 융합시킨 열역학이 탄생하게 되었고, 현재의 태양열 온수 시스템과 같이 에너지 관련 산업에 없어서는 안 되는 학문이 되었습니다.

수소 액화를 위해서는 수소의 물성에 대한 이해가 선행되어야 합니다. 특히 액화 사이클을 각종 선도상에서 표시할 수 있어야 하며, 이에 따른 수소의 엔탈피 변화와 엔트로피, 현열과 잠열 등 열역학적 특성들을 이해하고 있어야 합니다. 이에 따라 기본 개념과 함께 열역학 물성 프로그램으로 NIST(National Institute of Standards and Technology)가 개발한 리프롭(Refprop)을 소개합니다. 리프롭은 산업적으로 중요한 유체와 그 혼합물의 열역학적 특성과 수송 특성을 계산합니다.

3.2.1 열역학의 기본 개념

열역학의 기초 그리고 적어도 물질의 특성을 나타내는 '상태량(property)'에 대한 이해가 전제된 상태에서 시작해야 합니다(부족하다고 느껴지면 열역학의 기초를 더욱 다진 상태에서 살펴봅시다!).

수소 액화에 대한 접근에 앞서 엔탈피에 대한 이해가 전제되어야 합니다. 엔탈피(Enthalpy)도 온도(T)와 압력(P), 내부 에너지(U)와 같은 물질의 상태량 중 하나로, 그 물질이 가진 고유의 특성 값입니다. 엔탈피는 엔트로피와 마찬가지로 엔지니어들이 필요에 의해 만든 값(물성치)입니다. 특별히 엔탈피는 (고체가 아닌) 유체가 가진 에너지를 표현하는 것에 가장 적절한 수단입니다. 즉, 엔탈피는 그 유체가 가진 에너지입니다. 따라서 엔탈피의 단위는 에너지의 단위인 줄(joule)[J]입니다.

그리고 구분합시다. 대문자 H는 '엔탈피'로 읽고, 단위는 [J]입니다. 반면, 소문자 h는 '비엔탈피'로 읽고, 단위는 [J/g, kJ/kg]입니다. 즉, 단위 중량당 엔탈피를 '비엔탈피'라고 하는데, 단위 중량당 그 유체(주로 기체)가 가지는 에너지를 의미합니다. 확실히 구분할 수 있을 때에는 '비엔탈피'를 '엔탈피'로 통칭하기도 합니다. 그러나 반드시 단위는 구분해야 합니다.

엔지니어링에서는 온도나 압력, 밀도, 비체적과 같은 양에 의존하지 않는 강도성 상태량(Intensive Property)은 관계없지만 내부 에너지나 엔탈피, 엔트로피와 같은 종량성 상태량(Extensive Property)은 '단위 중량당'으로 표현하면 유용합니다. 따라서 상태량 테이블에서 '비내부 에너지', '비엔탈피'와 같은 종량성 상태량은 단위 중량당 ○○으로(○○/kg) 표시됩니다.

3.2.2 일반 냉동 사이클과 p-h 선도

극저온 냉동 시스템을 이해하기 위해서는 최소 유체역학과 열역학에 대한 기본적인 이해와 개념을 가지고 있어야 합니다. 특히, 냉매로 사용되는 물질의 열역학적 특성(물성)과 상태량 선도(몰리에르 선도)에 대한 이해가 전제되어야 합니다. 여기서 상태량 선도란, p-h 선도(압력-엔탈피 선도), T-s 선도(온도-엔트로피 선도), p-v 선도(압력-비체적 선도) 등을 말합니다. 선도가 중요한 이유는 냉동 시스템을 그 특성에 맞게 선도 위에 표시하면 훨씬 이해하기가 편리하기 때문입니다.

먼저, 산업이나 가정에서 사용하는 일반 냉동 시스템, 즉 프레온 가스를 냉매로 사용하는 경우에는 [그림 3.2.2-1]과 같이 p-h 선도상에 표시하면 편리합니다. 왜냐하면 프레온을 냉매로 사용하는 경우에는 상변화(Phase Change, 특히 액상-기상 간 변화)가 일어나기에 p-h(압력-엔탈피) 선도상에 시스템을 표현할 경우, 주요 부품의 상태 변화를 한눈에 살펴볼 수 있는 장점이 있기 때문입니다.

일반 냉동 시스템은 압축기(1-2), 응축기(2-3), 팽창기(모세관, 3-4), 증발기(3-4)의 4대 주요 구성품으로 이루어져 있습니다. 그리고 이 시스템이 정상 상태로 작동되면 그림에서 보는 바와 같이 p-h 선도 위 4개의 점으로 구성된 사이클을 그리며 작동합니다. 그리고 각 점들의 x축 값(엔탈피 값)의 합과 차를 이용하여 주요 구성품에서 이루어지는 에너지 변화량을 계산할 수 있습니다. 예를 들어, 냉매를 압축할 때 필요한 압축 에너지-이론 에너지량(kJ/s or kW)은 냉매 유량($\dot{m}$, kg/s)과 1번과 2번의 엔탈피 차(h_2-h_1, kJ/kg)의 곱으로 표현됩니다.

[그림 3.3.2-2]는 극저온 냉동 사이클이 아닌 일반 냉동 사이클이지만, 엔탈피와 온도와 압력과 같은 물질의 상태량과 사이클 해석에 대한 이해를 돕기 위하여 예시하였습니다. 이렇게 상변화(phase change)가 일어나는 냉동시스템은 p-h 선도 상에서 완벽하게 표현됩니다. 그렇다면 상변화가 일어나지 않는, 다시 말해 헬륨(또는 수소)을 냉매로 사용하는 사이클은 어떤 선도상에 표현해야 유용할까요?

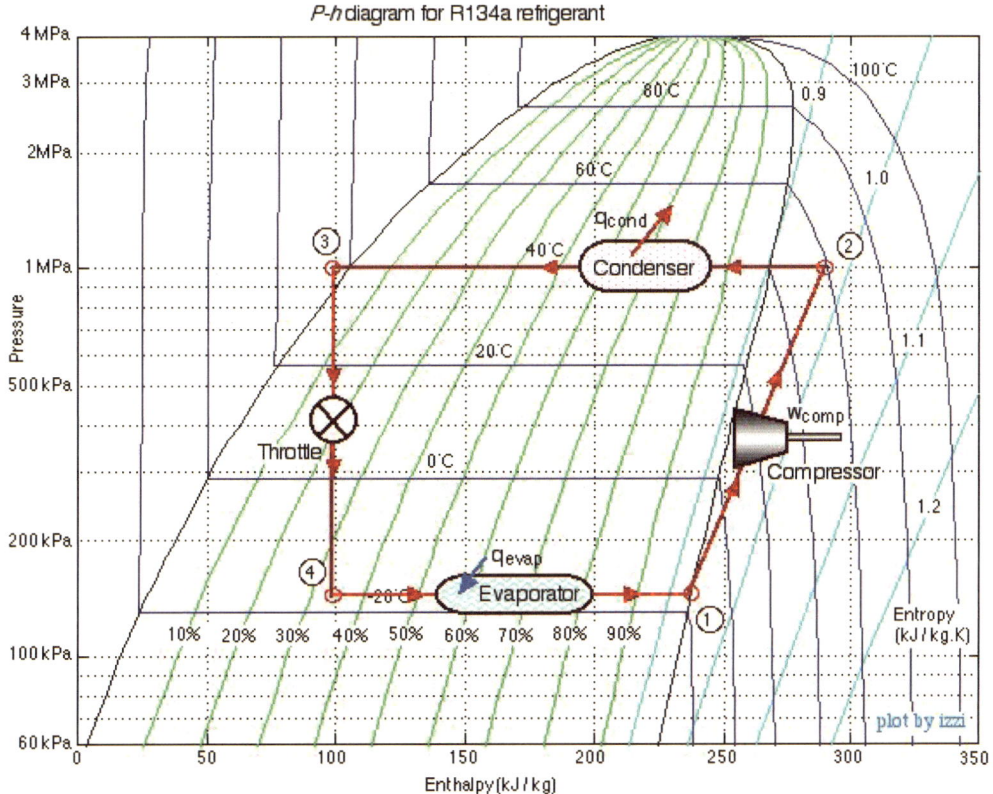

[그림 3.3.2-2] p-h 선도 상에 표현된 R134a 프레온 냉매를 사용하는 전형적인 냉동시스템 사이클의 예(출처: https://www.eng-tips.com/viewthread.cfm?qid=452395)

3.2.3 수소의 기본적인 물성치

분자량, 밀도, 녹는점, 끓는점, 삼중점, 임계 온도, 증발 잠열 등 수소의 기본적인 물성치는 다음 [표 3.2.3-1]과 같습니다. [그림 3.2.3-1]은 대기압 조건에서 진공단열이 된 저장용기 내의 액체 수소가 끓고 있는 모습입니다.

[표 3.2.3-1] 수소의 주요 상태량(출처: https://en.wikipedia.org/wiki/Hydrogen)

속성	단위	내용
몰 질량(Molar Mass)	g	2.016
밀도(Density)	g/L	STP에서 0.08988
	g/cm³	액체일 때 0.07 / 0.0763(녹는점(m.p.)에서 / 고체(solid)에서)
	g/cm³	액체일 때 0.07099(비등점(b.p.)에서)
녹는점(Melting Point)	K	13.99
비등점(Boiling Point)	K	위키피디아에서 20.271(리프롭(Refprop)에서 20.369)
3중점(Triple Point)	K	13.8033 K, 7.041kPa
임계점(Critical Point)	K	32.938 K, 1.2858MPa
부피비(Volume Ratio)	-	20°C 가스에서 850(가스/액체)
잠열(Latent Heat)	kJ/kg	448.7 (기화 잠열(Latent Heat of Vaporization))
감열(현열)(Sensible Heat)	kJ/kg	3510(20.369K에서 300K)

[그림 3.2.3-1] 사이트 글라스 뒤로 액화 수소가 끓고 있는 모습(주식회사 헥사 제공)

3.2.4 NIST의 리프롭(Refprop) 프로그램

　NIST는 미국 국립표준기술연구소(National Institute of Standards and Technology)로 한국의 표준과학기술연구원(KRISS)과 비슷한 공공 연구 기관입니다. 리프롭(Refprop)은 여기에서 개발한 각종 가스 및 냉매의 물성 자료를 쉽게 검색할 수 있는 소프트웨어입니다 (https://www.nist.gov/).

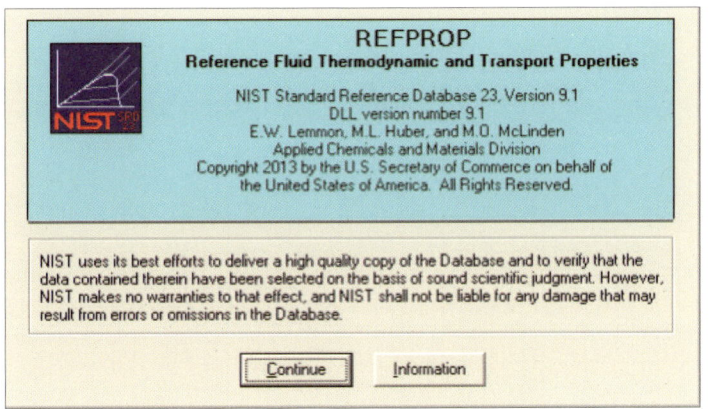

[그림 3.2.4-1] NIST의 REFPROP의 첫 실행 화면

비교적 저렴하게 구매할 수 있는 소프트웨어이며, 공학이나 이학 관련 전공자라면 초보자라도 직관적으로 사용할 수 있도록 톱다운 메뉴가 잘 갖추어져 있습니다. 프로그램을 실행하면 기본 물질로 질소가 설정되어 있습니다. 수소를 사용하려는 경우 'Substance'에서 'hydrogen(normal)'을 선택해야 합니다([그림 3.2.4-2] 참고).

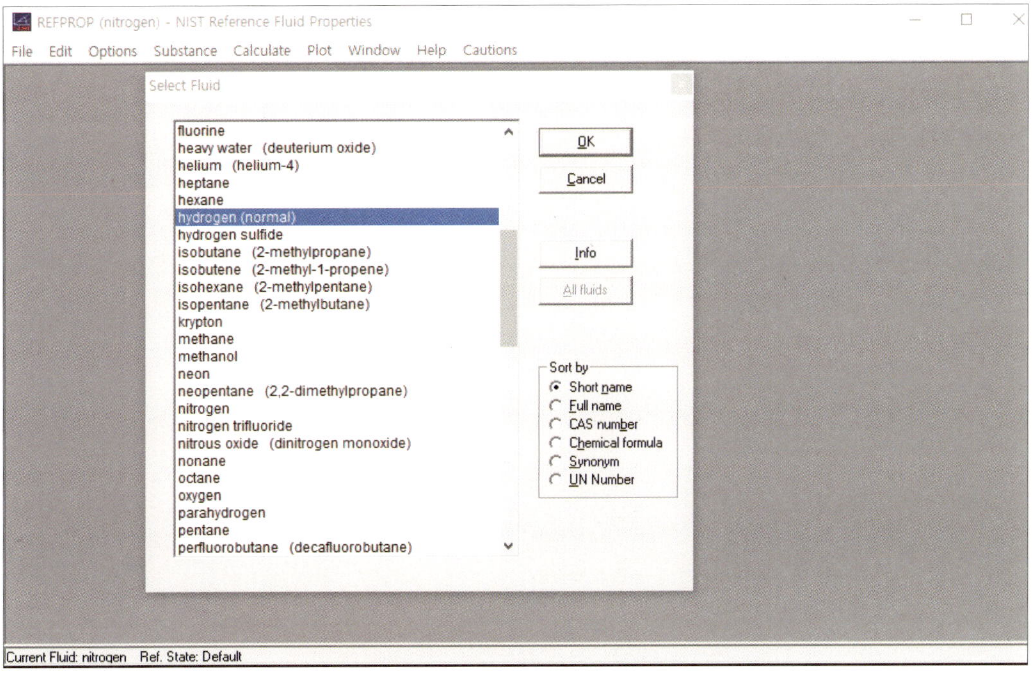

[그림 3.2.4-2] REFPROP에서 물질의 종류를 바꾸는 방법

[표 3.2.4-1]은 압력을 1atm으로 일정하게 한 상태에서 온도를 20K에서 1도씩 증가시켰을 때의 각종 상태량을 확인한 것입니다.

[표 3.2.4-1] 리프롭을 활용한 압력과 온도에 따른 주요 물성치 변화

	Temperature (K)	Pressure (MPa)	Density (kg/m³)	Volume (m³/kg)	Int. Energy (kJ/kg)	Enthalpy (kJ/kg)	Entropy (kJ/kg-K)	Cv (kJ/kg-K)	Cp (kJ/kg-K)	Joule-Thom. (K/MPa)	Quality (kg/kg)	Molar Mas
1	20.000	0.10133	71.281	0.014029	-4.9879	-3.5664	-0.17669	5.6369	9.5645	-0.99274	Subcooled	2.0159
2	20.369	0.10133	70.850	0.014114	-1.4285	0.0016802	0.000079024	5.6608	9.7723	-0.95350	0.00000	2.0159
3	20.369	0.10133	1.3323	0.75060	372.64	448.70	22.028	6.4488	12.036	18.279	1.0000	2.0159
4	21.000	0.10133	1.2814	0.78042	377.14	456.22	22.392	6.3952	11.825	17.326	Superheated	2.0159
5	22.000	0.10133	1.2094	0.82687	384.13	467.92	22.936	6.3368	11.572	16.022	Superheated	2.0159
6	23.000	0.10133	1.1461	0.87252	390.98	479.39	23.446	6.3001	11.388	14.917	Superheated	2.0159
7	24.000	0.10133	1.0898	0.91756	397.73	490.71	23.928	6.2767	11.250	13.964	Superheated	2.0159
8	25.000	0.10133	1.0394	0.96211	404.41	501.90	24.385	6.2617	11.141	13.129	Superheated	2.0159
9	26.000	0.10133	0.99378	1.0063	411.03	513.00	24.820	6.2519	11.054	12.388	Superheated	2.0159
10	27.000	0.10133	0.95232	1.0501	417.61	524.01	25.236	6.2451	10.982	11.724	Superheated	2.0159
11	28.000	0.10133	0.91442	1.0936	424.15	534.96	25.634	6.2403	10.922	11.124	Superheated	2.0159
12	29.000	0.10133	0.87961	1.1369	430.66	545.86	26.017	6.2366	10.870	10.578	Superheated	2.0159
13	30.000	0.10133	0.84750	1.1799	437.14	556.71	26.384	6.2337	10.826	10.077	Superheated	2.0159
14	31.000	0.10133	0.81779	1.2228	443.61	567.51	26.739	6.2312	10.786	9.6163	Superheated	2.0159
15	32.000	0.10133	0.79019	1.2655	450.05	578.28	27.081	6.2290	10.752	9.1905	Superheated	2.0159
16	33.000	0.10133	0.76447	1.3081	456.47	589.02	27.411	6.2269	10.721	8.7954	Superheated	2.0159
17	34.000	0.10133	0.74045	1.3505	462.88	599.72	27.730	6.2251	10.693	8.4279	Superheated	2.0159
18	35.000	0.10133	0.71796	1.3928	469.27	610.40	28.040	6.2234	10.668	8.0849	Superheated	2.0159
19	36.000	0.10133	0.69684	1.4350	475.65	621.06	28.340	6.2218	10.645	7.7641	Superheated	2.0159
20	37.000	0.10133	0.67698	1.4772	482.01	631.70	28.632	6.2203	10.625	7.4633	Superheated	2.0159
21	38.000	0.10133	0.65825	1.5192	488.37	642.31	28.915	6.2190	10.606	7.1808	Superheated	2.0159
22	39.000	0.10133	0.64056	1.5611	494.72	652.91	29.190	6.2179	10.589	6.9150	Superheated	2.0159
23	40.000	0.10133	0.62383	1.6030	501.06	663.49	29.458	6.2169	10.574	6.6644	Superheated	2.0159

3.2.5 수소의 액화 개념

[그림 3.2.5-1]은 리프롭에서 '플롯' 기능을 이용하여 T-s 선도에서 압력대별로 온도에 따른 엔트로피 변화를 나타낸 것입니다. T-s 선도는 대용량 수소 액화를 위한 역브레이튼 사이클이나 클로드 사이클 해석 시 유용합니다. 나중에 별도로 소개합니다.

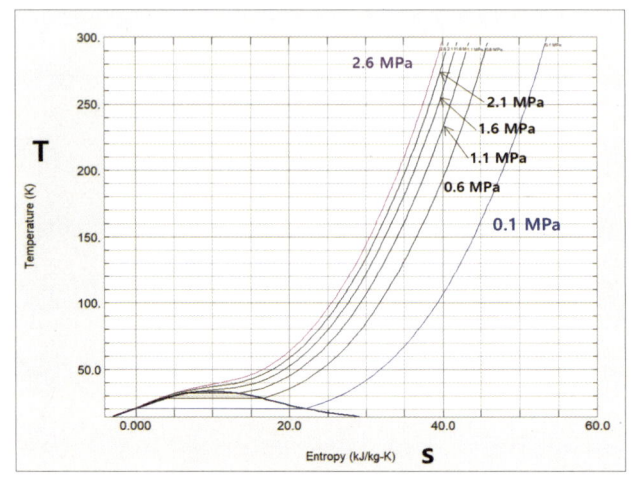

[그림 3.2.5-1] T-s 선도상에서 압력 대역 대비 온도 변화에 따른 엔트로피 변화

반면, [그림 3.2.5-2]는 같은 방법으로 T-h 선도에서 압력대별로 온도에 따른 엔탈피 변화를 나타낸 것입니다. 특히 T-h 선도는 G-M 극저온 냉동기를 이용한 소형 수소 액화기에서 제거해야 할 열량을 계산하고 확인하는 데 편리합니다. T-h 선도에서 1atm(0.1 MPa) 등압선을 따라 300K에서 20K까지 온도 변화에 따른 엔탈피의 변화를 살펴봅시다. 현열 구간과 증발잠열 구간으로 나눌 수 있으며, 다음과 같이 간단히 정리할 수 있습니다.

현열 구간: $h_{300} - h_{20V} = 3510$ [kJ/kg]

잠열 구간: $h_{20V} - h_{20L} = 448$ [kJ/kg]

다시 처음 질문으로 돌아가 수소 액화는 어떻게 하면 될까요?

수소가 가진 에너지(열)를 제거해 주면 됩니다. 굳이 구분하자면 1차로 300K 상온에서 20K 포화 증기까지 현열(Sensible Heat)을 제거하고, 2차로 증발 잠열(Latent Heat)까지 제거하면 대기압 조건에서 수소를 액화할 수 있습니다. 따라서 상온의 수소 1kg을 액화하기 위해 제거해야 할 에너지는 대략 4,000kJ입니다.

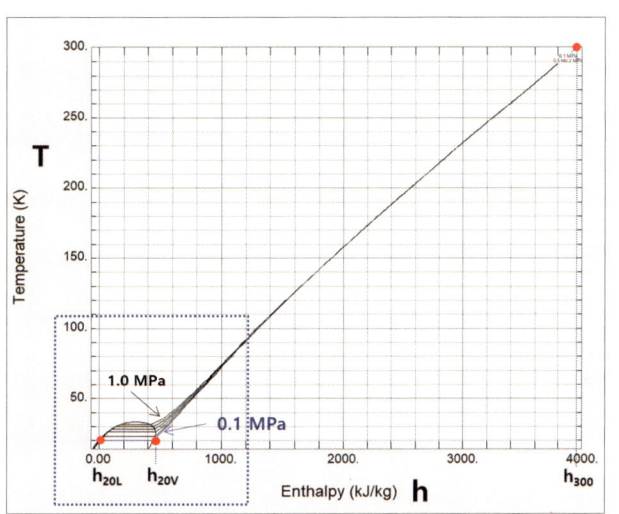

▲ T-h 선도에서 압력대별 온도에 따른 엔탈피 변화

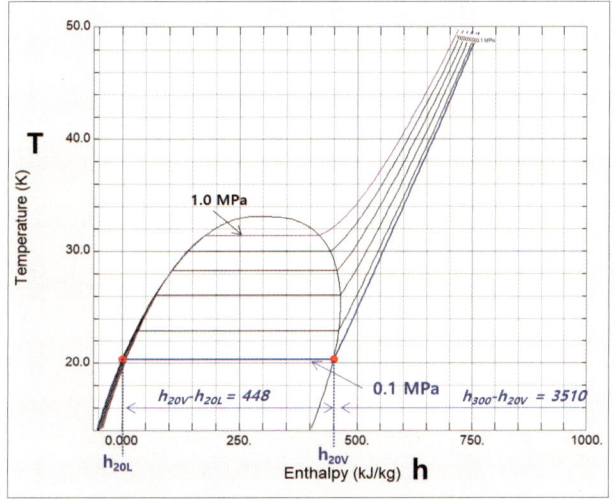

▲ 1atm에서 온도 하강에 따른 수소의 현열과 잠열량

[그림 3.2.5-15] T-h 선도상에서 압력 대역 대비 온도 변화에 따른 엔탈피 변화

3.2.6 LNG와 액화 수소의 물성 비교

탄소 중립 2050에서 최종 목표는 수소입니다. 석탄과 석유로 대표되는 탄소 연료와 수소 연료 중간 단계로서 징검다리 역할을 하는 것이 LNG의 주연료인 메탄입니다. 따라서 [표 3.2.6-1]과 같이 수소와 메탄의 물성 비교가 자주 언급됩니다.

[표 3.2.6-1] 수소와 메탄의 물성치 비교(물리적 및 연소 속성(Physical and Combustion Properties))

양	수소	메탄
분자량(Molecular Weight)	2.016	16.043
NTP에서의 가스 밀도(Density of Gas at NTP), kg/m^3	0.08376	0.65119
공기 중 NTP 중성 부력을 달성하기 위한 온도(Temperature to Achieve NTP Neutral Buoyancy in Air)(1.204kg/m^3), K	22.07	164.3
정상 비등점(NBP, Normal Boiling Point), K	20	111
NBT에서의 액체 밀도(Liquid Density at NBP), g/L	71	422
NBP에서 기화 엔탈피(Enthalpy of Vaporization at NBP), kJ/mole	0.92	8.5
낮은 발열량(Lower Heating Value), MJ/kg	119.96	50.02
공기 중 가연성 한계(Limits of Flammability in Air), vol% 4	4~75	5.3~15
공기 중 폭발 한계(Explosive Limits in Air), vol%	18.3~59.0	6.3~13.5
최소 자연 발화 압력(Minimum Spontaneous Ignition Pressure), bar	~41	~100
공기 중 화학량론적 조성(Stoichiometric Composition in Air), vol%	29.53	9.48
최소 점화 에너지(Minimum Ignition Energy), J	0.02	0.29
공기 중 화염 온도(Flame Temperature in Air), K	2318	2148
자연 발화 온도)(Autoignition Temperature), K	858	813
NTP 공기의 연소 속도(Burning Velocity in NTP Air), m/s	2.6~3.2	0.37~0.45
공기 중 확산율(Diffusivity in Air), cm^2/s	0.63	0.2

출처: Comparison of the Safety-related Physical and Combustion Properties of Liquid Hydrogen and Liquid Natural Gas in the Context of the SF-BREEZE High-Speed Fuel-Cell Ferry/SAND2016-6456 J/L, E. Klebanoff, J. W. Pratt, C. B. LaFleur

Hydrogen Fuel Cell Drone

Chapter 3 수소 액화기

수소 액화 기술은 전혀 새로운 기술도 아니며, 그 방법 또한 비교적 단순합니다. 극저온 냉동 시스템을 활용하여 수소 기체가 가진 에너지(엔탈피)를 제거하면 되기 때문에 원리만 알고 있다면 누구나 쉽게 접근할 수 있습니다.

3장에서는 수소 액화기의 분류와 사이클의 특성, 수소 액화 기술의 국내 현황 등을 알아보겠습니다.

(출처: nasa.gov)

수소 액화에는 극한의 기술이 적용되기 때문에 구현 방법은 복잡하고 어렵습니다. 액화 용량에 따라 냉동 시스템을 달리 해야 하는데, 소용량인 경우 G-M 극저온 냉동 시스템을, 중소 용량의 경우 역브레이튼 사이클, 대용량의 경우 클로드 사이클을 활용합니다. 수소는 현열이 크기 때문에 예냉이 필수이며, 이에 따른 고효율 열교환 기술이 핵심입니다.

3.3.1 수소 액화기의 용량에 따른 분류

수소 액화기(Hydrogen Liquefier)에 대한 정의가 아직까지는 명확하지 않은 상태입니다. 수소 액화기는 국내 「고압가스안전관리법」의 적용을 받는데, 2021년 현재 액화 수소 부분은 관련 코드가 미비된 상태이며 점진적으로 보완될 것으로 판단됩니다. 그리고 '수소 액화기'라는 명칭을 사용하지만, 단독 '수소 용품'으로 인정받는 것은 아닙니다. 다시 말해 아무리 작은 소용량의 수소 액화기라 할지라도 플랜트, 시설의 영역으로 구분되어 안전과 관련된 인력 확보 등 인허가를 받는 절차가 복잡하고 까다롭습니다. [표 3.3.1-1]은 수소 액화기의 용량에 따른 구분입니다. 수소 액화기는 액화 용량대별로 그 범위와 액화 방법이 크게 차이가 나기 때문에 「고압가스안전관리법」 내에서도 그 특성에 따라 인허가 및 신고 체계를 구분할 필요가 있습니다.

[표 3.3.1-1] 수소 액화기의 용량에 따른 구분

구분	소형	중·소형	중형	대형
	0.1tpd 미만	0.1~3(5)tpd	3(5)~30tpd	30tpd 이상
사이클	G-M	역브레이튼 (Reverse Brayton)	클로드(Claude)	클로드(Claude)
냉매	헬륨	헬륨	수소	수소
예냉(LN_2)	선택	필수	필수	필수

사실, 수소 액화 기술은 새로운 기술이 아닙니다. 이미 50여 년 전부터 우주 항공 분야에 진출해 있던 선진국에서 인공위성이나 로케트를 쏘아 올릴 때 사용해 온 기술입니다. 대체로 역브레이튼 사이클이나 클로드 사이클을 활용한 대용량 사이클을 이용하여 수소를 액화했습니다. 최근 수소 분야가 활성화되면서 오히려 소용량의 액화기 시장이 열리게 되었습니다. 보통 소형 수소 액화기는 G-M 극저온 냉동기를 활용하여 제작하는데, 액

체 질소(LN₂) 예냉이 없이도 통상 1kg/day에서 여러 대의 극저온 냉동기를 조합할 경우에 10~100kg/day 용량의 액화기를 제작할 수 있습니다.

3.3.2 수소 액화기의 사이클 특성

• G-M 냉동 사이클

G-M 냉동 사이클(Gifford-McMahon Cycle)은 p-v 선도상에 표시하면 편리합니다. G-M 냉동 시스템에서는 냉매를 헬륨으로 사용하기 때문에 사이클 중에 상 변화(Phase Change)가 없습니다. 그리고 G-M 냉동 사이클은 [그림 3.3.2-1]과 같이 2개의 정압 과정과 2개의 정적 과정으로 이루어지기 때문에 p-v 선도상에 표시하면 시스템을 이해하기가 훨씬 쉽습니다.

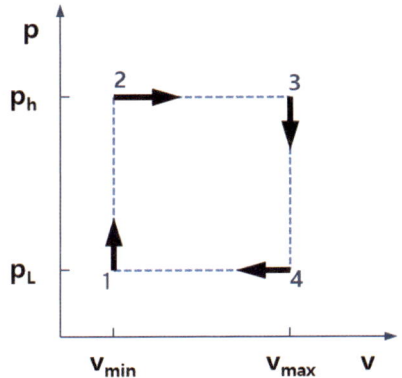

[그림 3.3.2-1] G-M 극저온 냉동 사이클의 p-v 선도

G-M 냉동 사이클의 가장 큰 특징은 압축기 유닛과 냉동기(팽창기라고 불리기도 함) 유닛이 분리되어 있고, 냉동기 유닛의 팽창 피스톤이 왕복기로 대체되어 있다는 것입니다. G-M 사이클의 원조는 스털링(Stirling) 사이클로, 2개의 등온과 2개의 정적 과정으로 이루어져 있습니다. 압축기와 팽창기가 붙어 있어 압축 시 팽창 일(Work)을 활용합니다. 그러나 이로 인해 시스템 제작과 활용에 큰 어려움이 있습니다. 따라서 스털링 냉동기에서 압축 부분과 팽창 부분을 따로 분리한 것이 '솔베이(Solvey) 냉동기'입니다. 그리고 솔베이 냉동기의 팽창기에서 팽창 피스톤을 단순한 왕복기(displacer)로 대체한 것이 'G-M 냉동기'입니다.

다시 말해 G-M 냉동 사이클은 스털링 사이클과 달리 시스템 제작과 활용의 편의성, 내구성을 위해 효율과 관련된 팽창 일을 버리는 쪽을 선택한 것입니다. 이로 인해 G-M 냉동기는 1만 시간 이상의 연속 운전이 가능하고, 일반 프레온 냉매 압축기를 그대로 시스템에 적용할 수 있는 실용성을 갖추게 되었습니다. 비록 스털링에 비해 효율은 떨어지지만, 대량 생산의 길을 열어 주어 극저온 분야나 진공 산업 분야의 비약적인 발전에 큰 공을 세웠습니다. [그림 3.3.2-2]는 작동 원리와 개략도를 나타낸 것입니다.

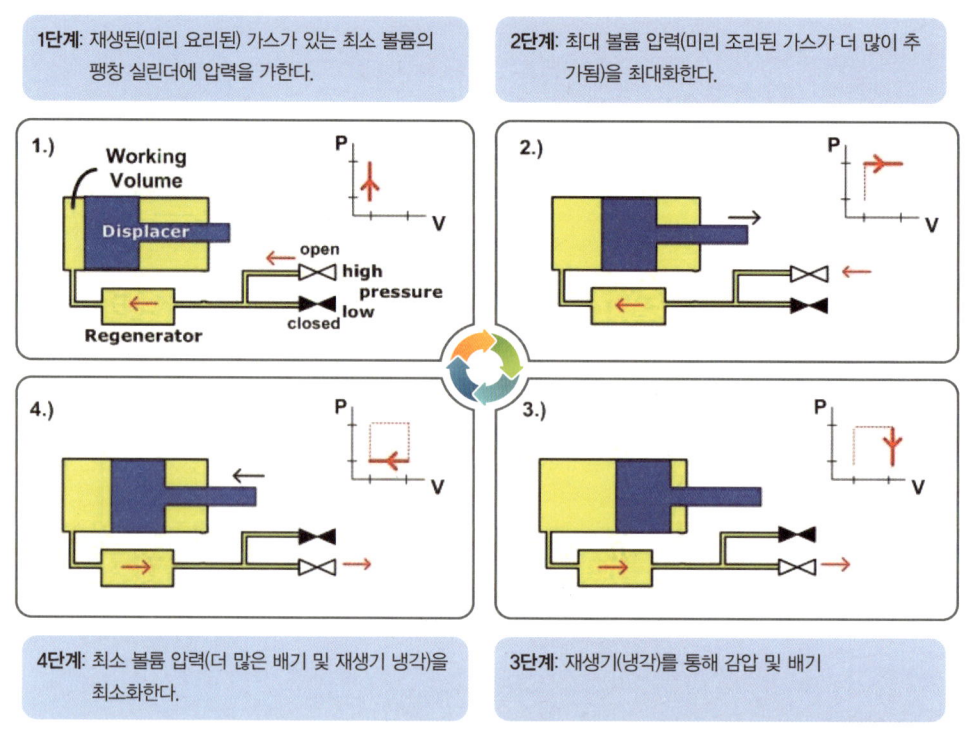

[그림 3.3.2-2] G-M 극저온 냉동기의 원리 및 개략도(출처: https://www.nist.gov/image/gffrige2jpg)

 **TIP G-M 냉동기의 작동 원리와 탄생 배경**

[그림 3.3.2-2]에서 소개한 G-M 냉동기는 실린더(Working Volume) 내의 왕복기(Displacer)와 재생기(Regenerator)가 분리되어 있습니다. 그러나 현재 산업계에서 널리 사용되고 있는 G-M 냉동기에는 거의 대부분 왕복기 내부에 재생기가 삽입되어 있습니다. 따라서 냉동기가 훨씬 단순한 형태입니다.

94쪽의 [그림 3.3.2-3]은 G–M 극저온 냉동 시스템의 온도 하강 원리를 냉매의 위치별로 단순하게 표현한 것입니다. 압축기에서 압축된 헬륨 냉매가 냉동기 유닛의 팽창기 내부로 들어갑니다. 그리고 왕복기 내부의 재생기(축냉재)를 지나면서 온도가 떨어집니다(왜냐하면 왕복기 내에 삽입되어 있는 재생열 교환기(축냉재)는 직전 사이클에서 차가운 헬륨 냉매가 토출측으로 지나가며 열교환을 마친 상태이기에, 다음 사이클 중 흡입되어 지나가는 냉매의 온도보다 조금 더 낮아 있는 상태이기 때문). 이후 실린더 상부 고압의 헬륨 냉매는 토출 측 밸브가 순간적으로 열리며 저압으로 팽창합니다. 이때 냉매의 온도가 더 내려가게 됩니다. 그리고 왕복기의 운동에 의해 온도가 더 내려간 냉매는 다시 축냉재를 통과하면서 축냉재와 열교환합니다. 이런 과정을 반복적으로 거치며 냉매는 다시 상온이 되어 압축기의 저압 측으로 되돌아가는 것입니다.

다시 말해, G–M 사이클의 핵심 기술은 왕복기 내에 삽입되어 있는 재생열 교환기의 열교환 기술입니다. 통상 스테인리스, 브론즈 계열의 스크린이나 구 형태의 납볼 등 열전도 특성이 좋은 물질이 열교환 재료로 사용됩니다. 통상 왕복기는 분당 72rpm으로 회전하는데, G–M 냉동기마다 차이는 있지만 대략 30분 정도이면 극저온의 기저 온도까지 냉각됩니다. 따라서 대략 2,000사이클 정도이면 상온에서 목표로 하는 극저온까지 냉각되는 것입니다. 참고로, 80K용 단단 냉동기의 베이스 온도는 30K 정도이고, 크라이오 펌프를 위한 10K용 2단 냉동기의 경우 1단의 베이스 온도는 30~40K, 2단의 베이스 온도는 8~9K 정도 됩니다.

G–M 냉동기의 탄생 배경에는 60~70년대에 미국과 소련 사이에 있었던 치열한 우주 전쟁과 관련이 있습니다. 우주 환경 시험을 위해 고진공의 대형 진공 챔버가 필요했는데, 당시 기술로는 액체 질소나 헬륨을 냉매로 하여 크라이오 펌핑(Cryogen Type)을 하는 것 외에 다른 방법이 없었습니다. 대량의 액체 헬륨을 활용하기에는 천문학적인 비용이 소요되었기 때문에 대안이 필요했던 것입니다.

이런 필요에 의해 극저온 냉매가 필요 없는(Cryogen Free Type) 극저온 냉동기형 크라이오 펌프가 탄생한 것입니다. 특히, G–M형 2단 극저온 냉동기는 10K 영역의 크라이오 펌프용뿐 아니라 더욱 축냉재(희토류 활용) 기술을 발전시켜 헬륨을 액화시킬 수 있는 4K 이하의 온도까지 도달하게 되었습니다. 이로 인해 각종 물질 특성을 연구하는 다양한 크라이오스텟 응용 분야가 발전할 수 있었으며, 산업용으로는 헬륨 액화기에 적용되어 의료용 MRI 장비에 필수 장치로 사용되게 되었습니다.

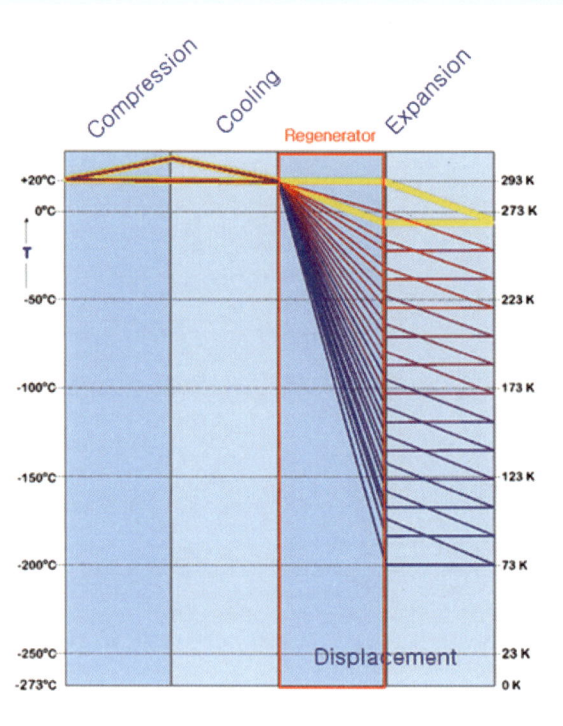

[그림 3.3.2-3] G-M 극저온 냉동기의 열 교환에 따른 온도 하강 원리

한편 단단(Single Stage) G-M 극저온 냉동기는 콜드 트랩(Cryogenic Water Pump)이나 고온 초전도 분야에서 크게 활용되고 있습니다. 사실, 알고 보면 현재 소용량 수소 액화에 활용되는 20K용 단단 G-M 냉동기는 고온 초전도용으로 먼저 개발된 것입니다. 최근 수소 액화 분야가 급성장하며 활용 분야가 급격하게 변하게 된 운이 좋은(?) 경우에 속합니다. 20K용 단단 G-M 냉동기는 초전도 분야의 연구 및 상용화가 답보 상태에 빠지며 하마터면 역사 속으로 사라질 뻔했던 아이템입니다.

• G-M 냉동기를 활용한 소형 수소 액화 시스템

G-M 극저온 냉동기를 이용한 소형 직냉식 수소 액화기의 예를 [그림 3.3.2-5]에 나타내었습니다. 여기에 장착되는 단단 G-M 냉동기의 성능 곡선은 [그림 3.3.2-4]와 같으며 여러 대를 활용할 경우, 보다 효과적인 액화 효율을 기대할 수 있습니다.

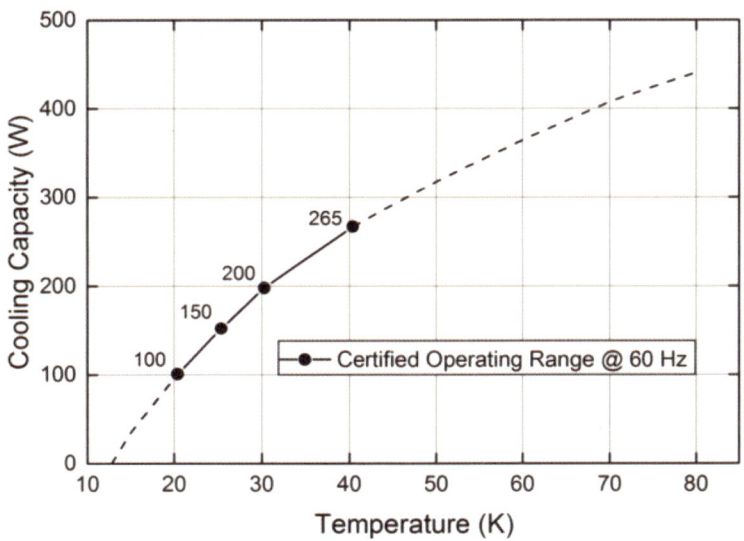

▲ (a) 단단(Single Stage) G-M 극저온 냉동기의 성능 곡선

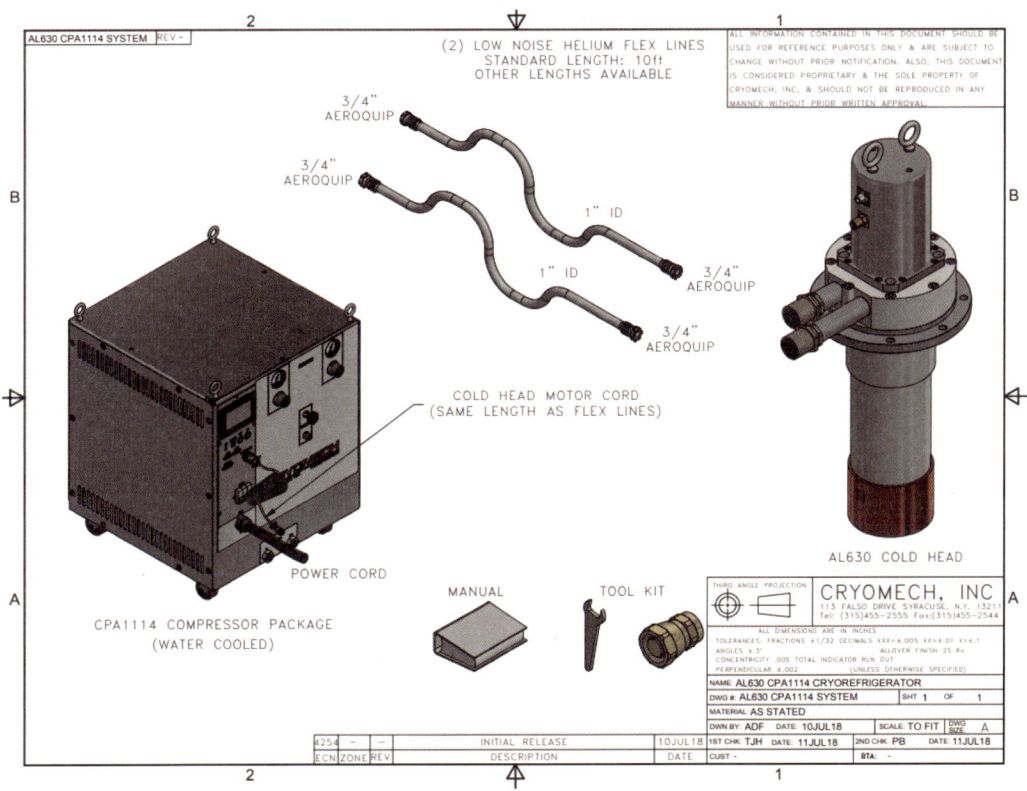

▲ (b) G-M 극저온 냉동 시스템(헬륨 압축기 유닛과 냉동기 유닛)

[그림 3.3.2-4] 대표적인 단단 G-M 극저온 냉동기의 성능 곡선과 시스템 구성도(Cryomech 사의 AL630 모델)

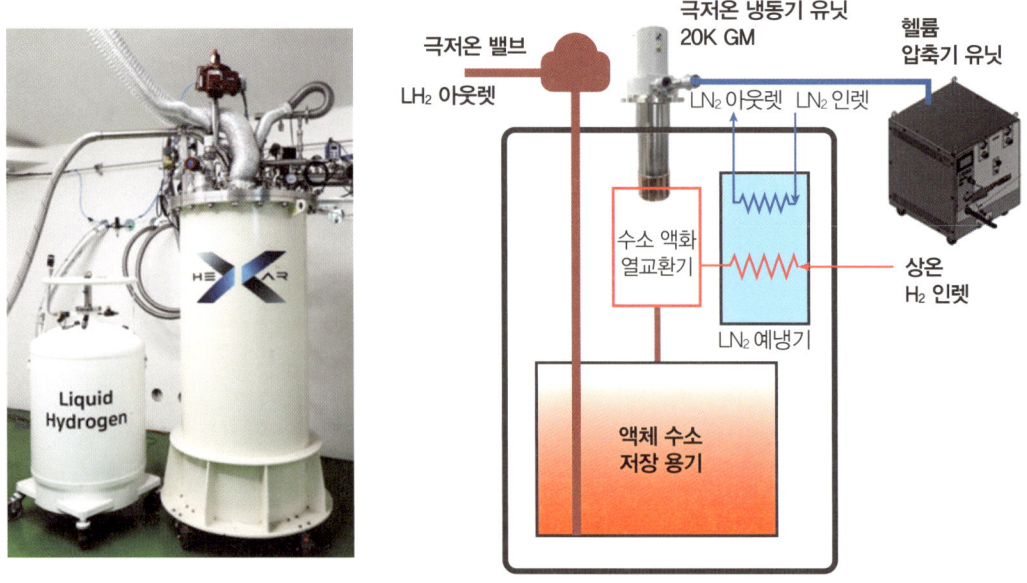

[그림 3.3.2-5] 8kg/day 용량의 직냉식 수소 액화기(헥사 제공)

한편, 액체 질소를 이용하여 예냉하면 보다 많은 양의 수소를 액화할 수 있습니다. 그러나 액체 질소의 비용과 관련 부대 설비, 지속적인 공급을 위한 편의성을 고려해야 합니다. 경험적으로 볼 때, 소용량 액화의 경우에는 액체 질소를 사용하지 않는 공정이 단순하고 편리합니다.

[표 3.3.2-1]은 G-M 극저온 냉동기를 활용한 소용량 수소 액화기의 모델 라인업 예입니다. G-M 극저온 냉동기를 멀티로 사용하고 액체 질소나 다단 냉동기를 사용하여 예냉할 경우, 액화 용량을 보다 크게 증가시킬 수 있습니다.

[표 3.3.2-1] 소용량 수소액화기의 모델 라인업 예시(헥사 제공)

주문 제작 형식의 수소 액화기
HEXEN 1~15 Series; 액화 용량 1 ~ 15kg/day(5~30kW)

모델명	액화 용량	크기	무게	소비 전력
HEXEN 2P	2kg/day	2,300(L)×1,400(W)×1,600(H)	500kg	8kW
HEXEN 4P	4kg/day	2,300(L)×1,400(W)×1,600(H)	600kg	15kW
HEXEN 8R	8kg/day	800(D)×2,200(H) (압축기 유닛은 별도)	600kg	15kW
특기 사항	\multicolumn{4}{l}{• P(Premium): 보급형으로 LN2 Free Type • R(Royal): 고급형으로 LN2 Precooling Type • Ref. 1kg Hydrogen: Liquid~14 [L] at 1atm}			

- **역브레이튼 사이클을 이용한 수소 액화기**(1~3(5)ton/day의 액화 용량)

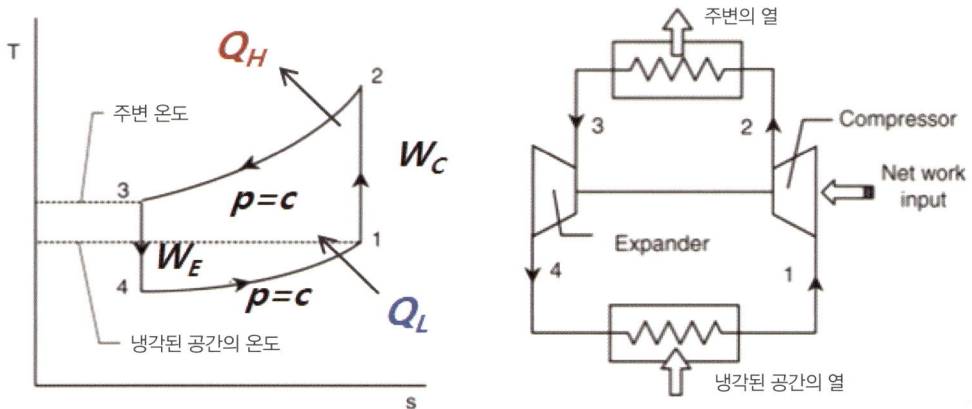

[그림 3.3.2-6] T-s 선도에서 브레이튼 사이클

[그림 3.3.2-6]은 T-s 선도상에서 브레이튼 사이클을 도식화한 것으로, 2개의 정압 과정과 2개의 등엔트로피 과정으로 구성된 사이클입니다. 이 사이클을 정방향으로 가동하면 '열기관', 역방향으로 가동하면 '냉동기'가 되는 것입니다. 우리는 냉동기로 활용하기 때문에 '역브레이튼 사이클'이라 부르며, 냉매로는 헬륨을 사용합니다. G-M 극저온 냉동기를 활용한 소형 액화기처럼 역브레이튼 수소 액화기도 냉동 사이클과 액화를 위한 수소 공급부가 별도이기 때문에(간접 열교환 방식이기 때문에) 방폭 부분에는 장점이 있지만, 열교환 효율이 낮아지는 단점이 있습니다. 나중에 보다 상세히 설명합니다.

[그림 3.3.2-7]은 두 사이클에 대해 간단히 비교한 것으로써 줄-톰슨 밸브(J-T V/V)의 유무가 가장 큰 차이입니다. 그리고 냉매도 전자는 헬륨, 후자는 수소를 사용합니다.

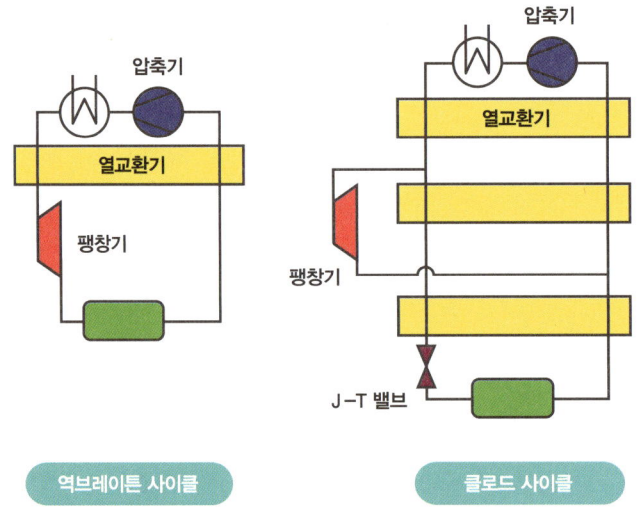

[그림 3.3.2-7] 역브레이튼 사이클과 클로드 사이클의 비교(출처: Development of Large Scale Hydrogen Liquefaction Faculty of Mechanical Science and Engineering, Institute of Power Engineering Bitzer-Chair of Refrigeration, Cryogenics and Compressor Technology, Thomas Funke Hydrogen Liquefaction & Storage Symposium, UWA, 27. 09. 2019)

국내에는 브레이튼 사이클이나 클로드 사이클에 대한 원천 기술이 없습니다. 최근 수소 경제에 관한 붐이 일어나며 한국기계연구원(KIMM) 주관으로 0.5ton/day 용량의 역브레이튼 사이클 수소 액화기를 개발하고 있습니다. 일반에 공개되어 있는 기획 보고서를 중심으로 간략히 소개합니다.

국토교통부 과제로 '상용급 액체 수소 플랜트 핵심 기술 개발'이 사업 목적입니다. 보다 구체화하여 표현하면, LNG 냉열을 활용한 수소 액화 공정 기술 개발 및 핵심 설비, 저장 탱크, 액체 수소 플랜트 설계·시공·운영 기술 개발을 목표로 합니다. 이를 통해 수소 액화 플랜트 공정 기술 및 수소 액화 핵심 설비, 액체 수소 저장 탱크에 대한 기술 개발과 수소의 대용량 생산, 저장, 운송 활용의 기반을 마련코자 합니다. 주관 기관은 한국기계연구원이며, 2019년에 시작하여 5년간 정부 예산 290억이 투자되는 과제로서 내부에 6가지 세부 과제로 구성되어 있습니다. 그 내용은 [표 3.3.2-2]와 같습니다.

이 'LNG 냉열 활용 수소액화 공정 기술개발' 과제의 핵심인 수소 액화기는 다음과 같은 특징을 가지고 있습니다. 설계 실증용 파일럿(Pilot) 수소 액화 플랜트로서 0.5TPD 규모의 액체 수소 생산 용량이며 다음 사항을 포함합니다. 처음 기획 단계에서는 클로드 사이클로 시작했지만, 최종 헬륨 브레이튼 사이클로 결정되었습니다.

- LNG 개질 수소 생산 및 공급 설비: 0.5ton/day
- LNG 냉열 공급 설비
- 수소 액화 장치(Hydrogen liquefaction Unit): 0.5ton/day
- 5일 보관용 액화 수소 저장 탱크(LH_2 storage tank for 5days storage): $35m^3$

[표 3.3.2-2] 세부 과제 간 연계 관계 및 공모 방안

과제	목표	세부 과제 간 연계	공모 방안
제1 세부 과제 고효율 수소 액화 공정 기술	고효율 수소 액화 공정 기술, 파일럿 규모(0.5ton/day) 수소 액화 플랜트 구축 운영 및 5ton/day급 공정 설계 기술 개발	목표 효율, 상용화 가능성을 고려한 최적 공정 설계, 이를 토대로 2, 3, 4, 5 세부 과제에 핵심 기술 개발 사양 제시	통합 공모
제2 세부 과제 수소 액화용 극저온 팽창 터빈(Turboexpander) 개발	수소 액화용 극저온 팽창 터빈 기술 개발 및 시제품 제작(0.5ton/day, 5ton/day)	1세부 기술 개발 사양을 바탕으로 5ton/day급 기자재 개발, 개발 기자재는 1세부 과제의 0.5ton/day급 파일럿 플랜트에 적용하여 기술 실증, 상용급 적용을 위한 5ton/day급 기자재 개발	통합 공모
제3 세부 과제 수소 액화용 극저온 열교환기 개발	수소 액화용 극저온 열교환기 기술 개발 및 시제품 제작(0.5ton/day, 5ton/day)		통합 공모
제4 세부 과제 수소 액화용 콜드박스 개발	수소 액화용 콜드박스 기술 개발 및 시제품 제작(0.5ton/day, 5ton/day)		통합 공모
제5 세부 과제 수소 액화용 극저온 밸브 개발	수소 액화용 극저온 밸브 기술 개발 및 시제품 제작(0.5ton/day, 5ton/day)		통합 공모
제6 세부 과제 액체 수소 저장 탱크 개발	액체 수소 저장 탱크 기술 개발 및 시제품 제작(저장 용량: $35m^3$, $350m^3$)	저장 용량만(수소 액화 플랜트 생산량의 5일분 저장) 타 과제 연계, 세부 기술 목표 사양의 경우 액화 공정(1세부)과의 연계성 없음	분리 공모

(출처: 기획보고서 《상용급 액체수소 플랜트 핵심기술 개발 사업》, 국토교통부)

[그림 3.3.2-8]과 같은 전형적인 헬륨 브레이튼 사이클의 특징은 다음과 같습니다. 이 사이클은 터빈의 팽창만으로 냉열을 얻는 시스템으로, 헬륨을 냉매로 사용하기 때문에 비교적 저가의 오일 인젝트 스크루 압축기를 사용할 수 있고, 시스템을 비방폭으로 구성할 수 있습니다. 따라서 초기 투자비가 작은 장점이 있습니다. 반면, 효율이 낮아 운전 비용이 크다는 단점이 있습니다. 액화 에너지 효율은 12.3~13.4kWh/kgH_2 정도입니다. 주로

소용량(3TPD) 시스템에 많이 채용되며, 운전비보다 초기 투자비 절약이 중요한 경우에 선호되는 공정입니다.

참고로, 그림 내부의 열교환기마다 O-P 변환(o-p conversion) 촉매제가 들어 있습니다. 이는 수소가 오쏘(ortho)-수소와 파라(para)-수소로 구성되어 있기 때문입니다. 오쏘와 파라 두 수소 사이의 전환 반응 속도는 작기 때문에 이들은 마치 성질이 다른 2종의 수소 분자처럼 행동합니다. 상온 이상에서는 오쏘 대 파라의 비율이 대체로 3:1로 되어 있지만, 극저온으로 가면서 열적 평형이 성립되면 모두 파라수소의 상태로 안정됩니다. 그런데 급속한 액화 과정을 통해 수소를 액화하면 액화된 수소 내에 오쏘와 파라의 비율은 상온일 때와 동일합니다. 그러면 액화된 오쏘 수소가 파라 수소로 평형을 이루기 위해 아주 느리게 변환하면서 변환 열을 방출합니다. 왜냐하면 에너지가 큰 오쏘 수소가 에너지가 작은 파라로 변환되는 과정이 발열 반응이기 때문입니다. 그리고 이 변환 열량은 증발 잠열(448KJ/kg, at 20K)보다 크기 때문에 액체 상태로 저장되어 있는 수소를 증발시키게 됩니다. 따라서 급속한 액화 과정을 거치기 전에 촉매를 이용하여 오쏘를 미리 파라로 변환하는 과정이 필요한 것입니다. 촉매제로서는 산화철 계열이 널리 사용되고 있습니다.

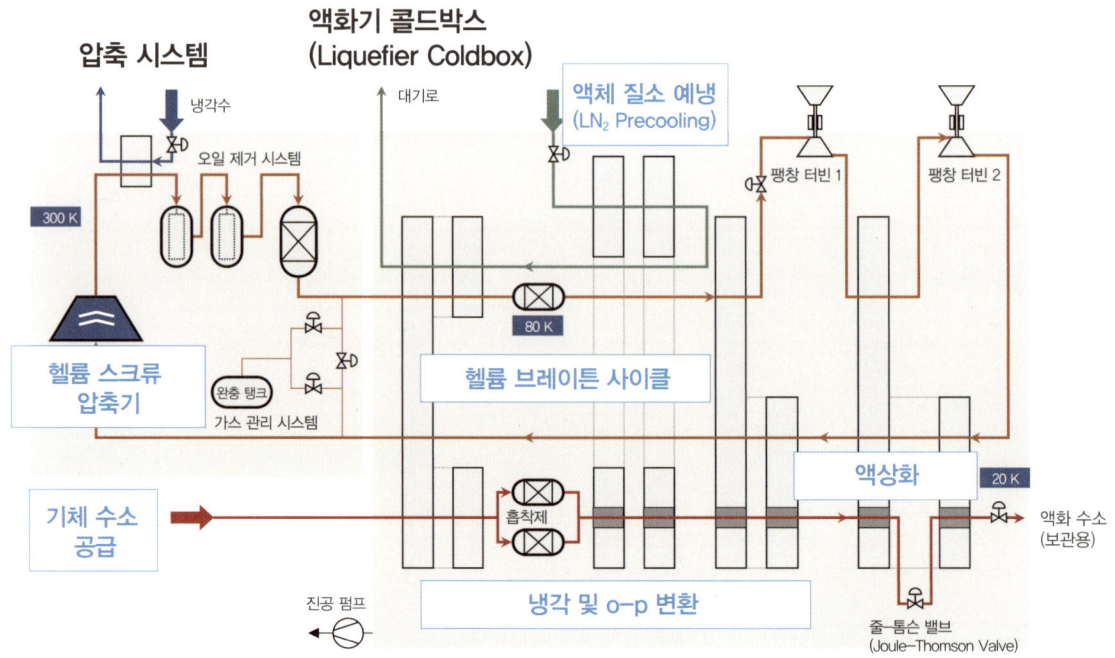

[그림 3.3.2-8] 3tpd급의 헬륨 브레이튼 사이클(린데 자료, 출처: Large-scale Liquid Hydrogen Production and Supply(Advancing H2 Mobility and Clean Energy), Dr. Umberto Cardella, Linde Kryotechnik AG, Linde Aktiengesellschaft Perth, September 27th, 2019)

[그림 3.3.2-9]는 에어리퀴드(Air Liquide, 프랑스)의 헬륨 브레이튼 형식 수소 액화기 모델과 양산 사양을 나타낸 것입니다. HYLIAL 시리즈 3종으로서 수소 액화 능력을 L/h에서 우리가 익숙한 ton/day로 변환하면, 각각 1ton/day, 1.37ton/day, 2.6ton/day입니다. 팽창기에 정적(Static) 가스 베어링을 탑재하고 있으며, 최대 300,000rpm으로 구동되며, MTBF(Mean Time Between Failure, 평균 고장 시간 간격)는 150,000시간 정도의 신뢰성을 가집니다.

액화 용량, 소비량 및 치수	단위	HYLIAL 600	HYLIAL 800	HYLIAL 1500
LH$_2$ 생산	[L/h]	600	800	1,500
예상 압축기 전력	[kW]	550	690	1,260
콜드박스 사이즈(L x W x H)	[m]	5.0×4.0×5.0	6.0×4.0×5.0	9.0×4.5×5.5

[그림 3.3.2-9] 에어리퀴드 헬륨 브레이튼 형식 수소 액화기 모델의 기술 규격

• 클로드 사이클을 이용한 수소 액화기(30ton/day 이상)

[그림 3.3.2-7]을 통해 역브레이튼 사이클과 클로드 사이클의 가장 큰 차이를 살펴보았습니다. 줄-톰슨 밸브(J-T valve)의 유무가 그 차이입니다. 이를 위해서는 이상 기체가 아닌 실제 기체의 물성 가운데 하나인 줄톰슨 계수와 역전 온도에 대한 이해가 선행되어야 합니다.

먼저 줄-톰슨 계수는 다음 식과 같이 표현되며, 등엔탈피 과정에서 압력 변화에 대한 온도 변화 값으로 설명할 수 있습니다. 그런데 이상 기체에서는 줄-톰슨 계수가 '0'이지만, 실제 기체에서는 온도 조건에 따라 줄톰슨 계수가 '-'가 될 수도 있고, '+'가 될 수도 있습니다. 이것을 그래프로 나타내면 [그림 3-25]와 같습니다.

$$\text{줄-톰슨 계수: } \mu = \left(\frac{\partial T}{\partial P}\right)_h$$

[그림 3.3.2-10]은 수소 가스에 대한 역전 온도 곡선을 나타낸 것입니다. 역전 곡선(Inversion Curve)의 좌측에서는 압력이 감소하면 온도가 내려가지만, 우측에서는 압력이 감소하면 온도가 상승합니다.

역전 온도의 시작점이 205K인 수소 외에도 헬륨은 45K, 질소는 126K, 산소는 155K, 메탄은 190K, 알곤은 151K, 네온은 250K로 역전온도가 상온보다 낮습니다. 따라서 역전 온도가 상온보다 낮은 경우에는 액화를 위해 기체의 예냉이 필수적입니다.

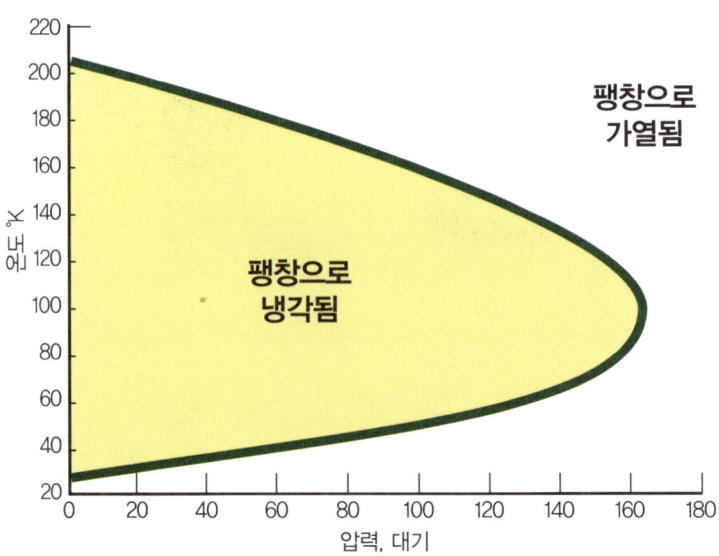

[그림 3.3.2-10] 수소 가스의 역전 온도와 줄-톰슨 역전 곡선(팽창 시 온도가 내려가는 것과 올라가는 것의 구분선). 출처: Scott, R.B. et al. Technology and Uses of Liquid Hydrogen, p. 42, The MacMillan Company, New York, 1964)

[그림 3.3.2-11]은 전형적인 클로드 사이클의 개략도와 이를 T-s 선도 위에 표현한 것입니다. 클로드 사이클은 줄-톰슨 밸브를 가진 단순한 린데-햄슨(Linde-Hampson) 사이클을 개량한 것으로, 팽창기(Expander)가 더해진 것이 특징입니다. 등엔트로피 팽창에 따른 온도 강하는 주어진 압력차에 대한 등엔탈피 팽창보다 큰 온도 강하를 일으킵니다. 따라서 보다 큰 효율 상승 효과를 볼 수 있습니다.

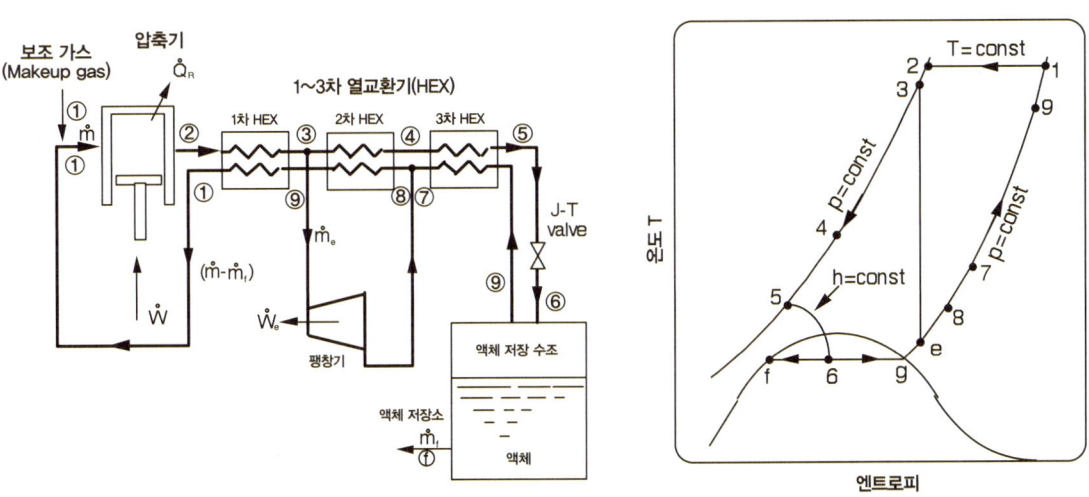

[그림 3.3.2-11] 클로드 사이클의 개략도와 T-s 선도(출처: https://uspas.fnal.gov/materials/10MIT/Lecture_2.1.pdf)

이 사이클에서는 수소 가스가 냉매이면서 액화도 됩니다. 따라서 액화되는 만큼 계속 상온의 수소 가스를 압축 기단①에서 공급해 주어야 합니다. 상온의 수소는 냉각기가 장착된 압축기를 거쳐 상온 고압 상태(②)에서 1차 열교환기(②→③)로 들어갑니다. 이때 되돌아 나오는 저온 저압의 기체 수소(⑨→①)와 열교환을 합니다. 같은 원리로 고압의 수소 가스는 2차 열교환기(③→④)와 3차 열교환기(④→⑤)를 거쳐 줄-톰슨 밸브단까지 갑니다. 3차 열교환기단(⑤)에서 수소는 40K 이하의 극저온에 도달되어 있습니다. 고압 저온의 수소 가스는 줄-톰슨 밸브(⑤→⑥)를 거치며 줄-톰슨 효과에 의해 액화됩니다. 액화된 수소는 아래 저장조에 모이게 되고, 저압 기체 상태의 수소는 다시 역방향으로 3차, 2차, 1차 열교환기를 거치며 고압 측 수소와 열교환을 합니다. 저압의 저온 수소는 압축기 입구 쪽으로 이동하며 온도가 상승합니다.

한편, 1차 열교환기 후단 ③의 위치에서 일부 저온 고압의 수소 가스(me)가 팽창기(Expander)를 통해 등엔트로피 팽창을 한 후 ⓔ 상태에서 3차 열교환기 후단인 ⑦ 위치에서 합류합니다. 그리고 ⑧의 상태가 된 후에 2차 열교환기로 이동합니다. 저온 저압의 수소는 상온 저압의 수소(①)가 되어 압축기 입구부로 돌아오며 한 사이클을 완성합니다. 이때 액화되어 외부 저장 탱크로 유출된 양(ⓕ)만큼의 수소가 새롭게 유입되며 돌아오는 저압의 수소와 합쳐져 다시 압축기 입구로 들어갑니다.

3.3.3 전 세계 EPC 업체와 국내 액화 수소 플랜트 현황

수소 액화 플랜트를 건설할 수 있는 글로벌 EPC 업체는 많지 않습니다. 여기서 EPC는 Engineering(설계), Procurement(조달), Construction(시공)의 약자로 EPC 업체는 대형 건설 프로젝트나 인프라 사업 계약을 수주할 수 있는, 즉 부품, 소재 조달, 공사를 원스톱(Turn-Key 방식)으로 제공할 수 있는 대규모 사업자를 지칭합니다.

[그림 3.3.3-1]은 글로벌 액화 수소 플랜트 설비 업체(EPC)의 예입니다. 대부분 우주 항공 산업의 원천 기술을 가진 미국, 유럽, 일본과 같은 선진국의 기업들이 전 세계 시장을 장악하고 있습니다. 물론 여기에는 중국의 EPC 업체를 소개하고 있지 않습니다. 그러나 중국, 일본은 비교적 후발주자이긴 하지만, 최근 수소 산업과 수소 액화 분야에서 크게 앞서 나가고 있습니다.

[그림 3.3.3-1] 글로벌 EPC 업체(프렉스에어(미국), 에어프로덕트(미국), 린데(독일, 미국), 에어리퀴드(프랑스), 카와사키(일본), 출처: 각사의 홈페이지 대표 사진)

이에 비해 국내의 수소 산업(수소 액화)의 EPC 업체는 전무합니다. 최근 국내 대기업 3곳에서 수소 액화 플랜트를 건설하겠다고 발표했고, 실제 2023년 완공을 목표로 건설 중에 있습니다. SK, 효성, 두산에서 진행하고 있지만 액화 수소 플랜트에 대한 경험이 없기 때문에 모두 글로벌 EPC 업체와 손을 잡고 프로젝트를 진행 중에 있습니다. 내용을 정리하면 [표 3.3.3-1]과 같습니다. 향후 수소 사회로 가기 위해서는 반드시 기술 내재화가 이루어져야 하는 부문이고, 국내에도 앞에 소개한 바와 같은 글로벌 EPC 업체가 자생하고 성장해야할 것입니다.

[표 3.3.3-1] 국내 액화 수소 플랜트 건설 현황

업체	SK-에어리퀴드	효성-린데	두산중공업-에어리퀴드
재원	18조/5년	3,000억+1조/5년	-
1단계	3만 ton/year, ~ 90ton/day (부생 수소, 인천, 2023년)	1.3만 ton/year, ~ 35ton/day (2023년 5월)	0.18만 ton/year ~ 5ton/day (2023년)
2단계	25만 ton/year (개질 수소, 보령 LNG터미널, 2025년)	3.9만 ton/year	하이창원(EPC 방식 특수 목적 법인) 경남 창원(창원 수소 액화 사업)

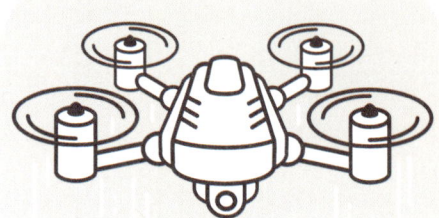

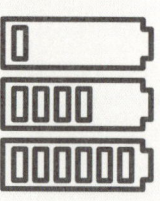

Part 4
수소 연료전지 드론 시스템 설계

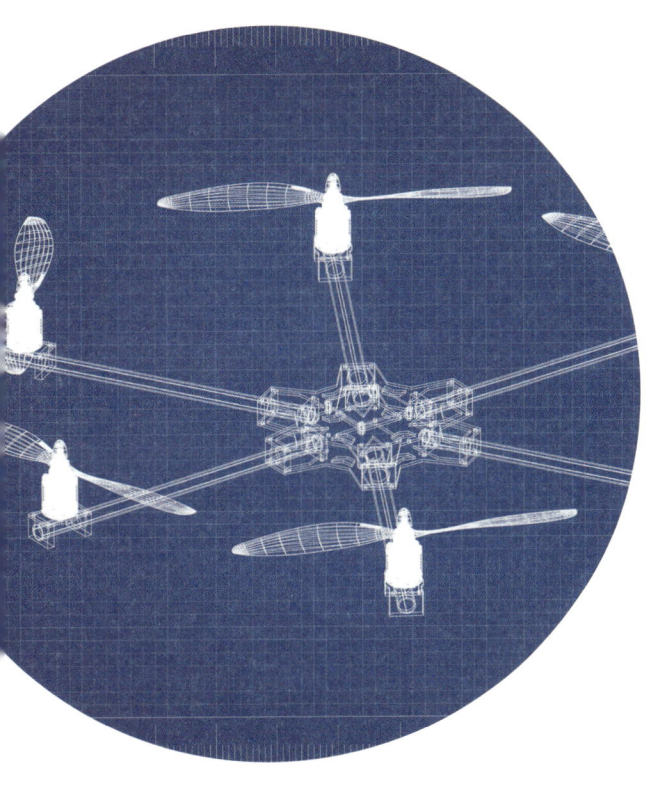

수소 연료전지 시스템은 드론부터 자동차, 발전소에 이르기까지 다양한 산업 분야에서 사용되고 있습니다. 4부에서는 수소 시스템의 원리를 알기 위해 구성 요소들의 특징과 전기 에너지로의 일련의 변환 과정에 대해 살펴보고, 수소 연료전지 드론의 기체 설계와 조립 과정을 보면서 시스템을 이해해 보겠습니다.

Hydrogen Fuel Cell Drone

Chapter 1 연료전지 시스템

연료전지 시스템은 수소가 저장 용기에서 레귤레이터를 지나 연료전지 스택으로 수소를 공급하는 연료 공급 시스템을 거쳐 스택 내부에서 공기와 반응을 일으켜 전기 에너지를 만들게 하는 시스템을 말합니다. 스택에서 생성된 전기 에너지는 드론의 전원으로 사용됩니다.

수소 연료전지 시스템은 전기 화학적 반응을 통해 수소의 화학적 에너지를 직접 전기 에너지로 변환시켜 줍니다. 시스템은 지속적으로 수소와 산소의 공급을 통한 화학 반응으로 지속적인 전기를 발생시키기 위해 다양한 기기로 구성되어 있습니다.

구성 요소

연료전지 시스템의 구성 요소에는 다음과 같은 것들이 있습니다.

• 연료 개질기(Fuel Reformer)

화학적으로 수소를 함유하는 일반 연료(LPG, LNG, 메탄, 석탄가스, 메탄올 등)로부터 연료전지가 요구하는 수소를 많이 포함하는 가스로 변환하는 장치입니다.

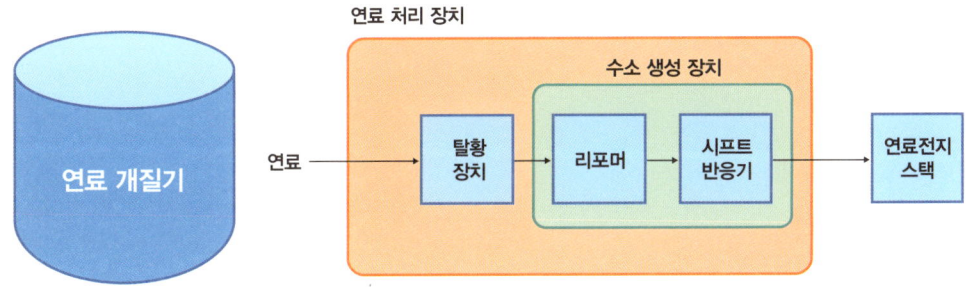

[그림 4.1.1-1] 연료 개질기

• 연료전지 본체(스택, stack)

원하는 전기 출력을 얻기 위해 단위 전지를 수십 장, 수백 장 직렬로 쌓아올린 본체입니다. 단위 전지 제조, 단위 전지 적층 및 밀봉, 수소 공급과 열 횟수를 위한 분리판 설계·제작 등이 핵심 기술이라고 할 수 있습니다. 연료 개질 장치에서 들어오는 수소와 공기 중의 산소로 직류 전기와 물 및 부산물인 열을 발생시킵니다. 오늘날에는 용융탄산염형 연료전지(MCFC), 고분자 전해질 연료전지(PEMFC), 고체 산화물 연료전지(SOFC), 직접메탄올 연료전지(DMFC), 인산형 연료전지(PAFC) 등과 같은 다양한 종류의 연료전지가 개발되어 있습니다.

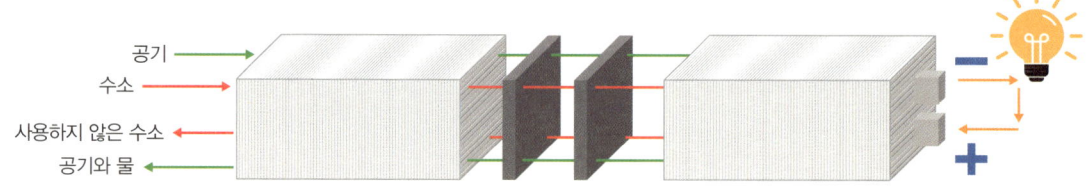

[그림 4.1.1-2] 연료전지 스택

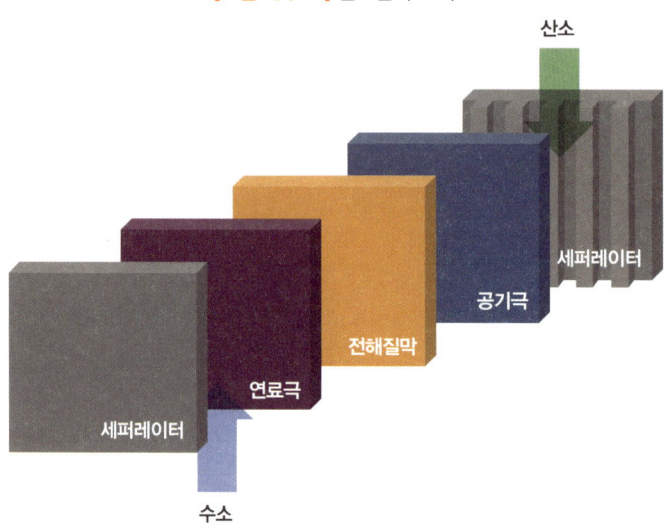

[그림 4.1.1-3] 연료전지 스택의 발전 원리

- **인버터**(Inverter)

연료전지에서 발생하는 직류(Direct Current) 전력을 전력 계통에 연계하기 위해서 교류(Alternating Current, AC) 전력으로 변환시키는 전력 변환 장치입니다.

- **컨버터**(Converter)

교류 성분을 직류 성분으로 변환시키거나 기존 직류 성분을 전압과 전류의 크기가 다른 직류 성분으로 바꿔주는 장치입니다.

[그림 4.1.1-4] AC-DC 컨버터

• **기타 장치**

이외에도 연료전지 발전 설비의 효율을 높이기 위하여 연료전지에서 발생하는 반응열과 연료 개질 과정에서 발생하는 폐열 등을 이용하는 장치가 부수적으로 필요합니다.

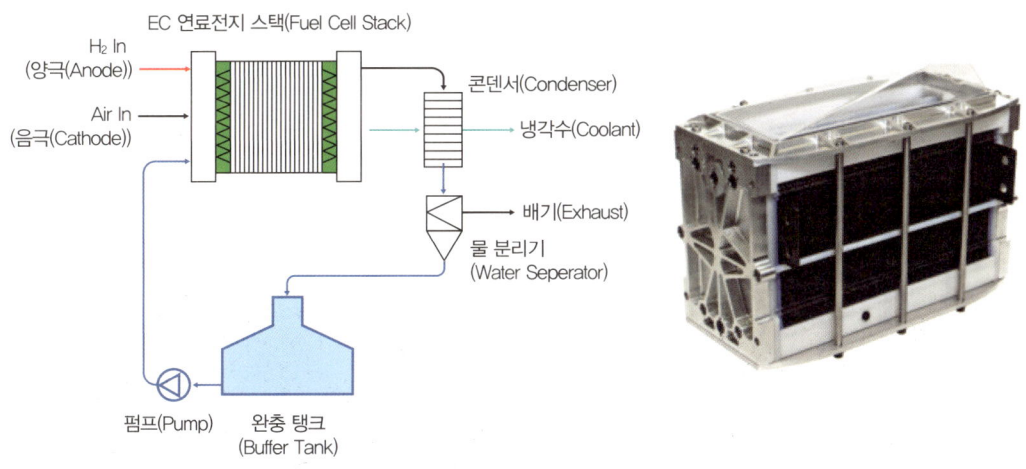

[그림 4.1.1-5] 연료전지 냉각 시스템(증발 냉각 기술)

수소 연료전지 시스템 구성 시 유의사항

• **리튬 폴리머 배터리 사양 확인**

연료전지 시스템 구성 시 리튬 폴리머(Lipo)의 역할은 첫째, 연료전지의 예열이고, 둘째 보조 전원의 역할입니다. 연료전지 구동 시 남은 전력은 리튬 폴리머 배터리에 저장되고 연료전지를 최대 출력으로 사용할 때 부족한 전력을 배터리에서 유동적으로 끌어오기 때문에 80℃ 이상의 높은 방전율(C Rating)이 요구됩니다.

[그림 4.1.2-1] 하이브리드 배터리

※ 방전율(C Rating): 방전율에는 지속 방전율(Continuous Rating)과 순간 방전율(Burst Rating)이 있습니다. 지속 방전율이 너무 낮으면 배터리가 모터에 충분한 전류를 보내지 못하게 되어 출력이 떨어집니다. 방전율이 높은 배터리는 모터에 무리가 가지 않을 뿐만 아니라 충분한 전류를 공급합니다. 순간 방전율(Burst Rating)은 보통 10초 동안 지원되는 순간 출력을 의미합니다.

• 레귤레이터와 수소 용기 체결 시 유의사항

레귤레이터와 수소 용기 체결 시 가스 누출과 나사선 손상을 막기 위한 테프론 테이프를 사용해야 하며, 제품별로 정해진 토크량에 유의해 체결해야 합니다.

• 설계 시 유의사항

연료전지 시스템 설계 시 소비 전력에 맞는 출력의 연료 전지를 장착해야 하며, 비행 목적(비행 시간)에 맞는 수소 용기를 장착해야 합니다. 이때 시스템이 장착될 공간과 시스템이 차지하는 공간을 실측해 기체 크기에 맞는 설계를 해야 합니다. 또한 수소 연료전지는 공기 중의 산소와 수소를 반응시켜 발전을 하기 때문에 흡기와 배기를 고려한 설계가 필요합니다.

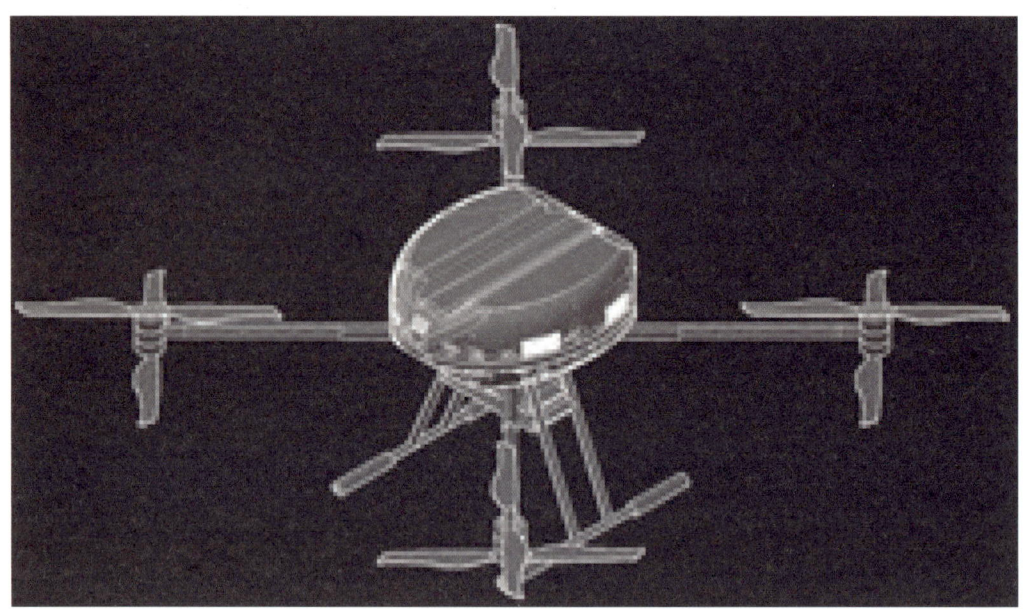

[그림 4.1.2-2] 수소 연료전지 드론의 설계 도면

- **수소 누출 확인(가스 감지기 및 검지제 이용)**

　수소는 무색 무취의 가스로, 공기 중으로 누출 시 위쪽으로 확산되기 때문에 밀폐된 공간에서 누출 사고 발생 시 빠른 대응이 어려워 감지기 및 검지제를 수시로 정비하고 사용해야 합니다.

[그림 4.1.2-3] 수소 누출 감지기

- **수소 용기의 안정성을 고려한 설계**

　수소 용기는 제품 테스트 과정에서 압력, 온도, 충격, 파열, 낙하, 총탄 등 극한의 테스트를 받지만, 장시간 사용 시 환경에 따라 유격 및 균열이 생길 수 있어 팩 내부 수소 용기의 내진과 탄탄한 고정을 고려한 설계가 필요합니다.

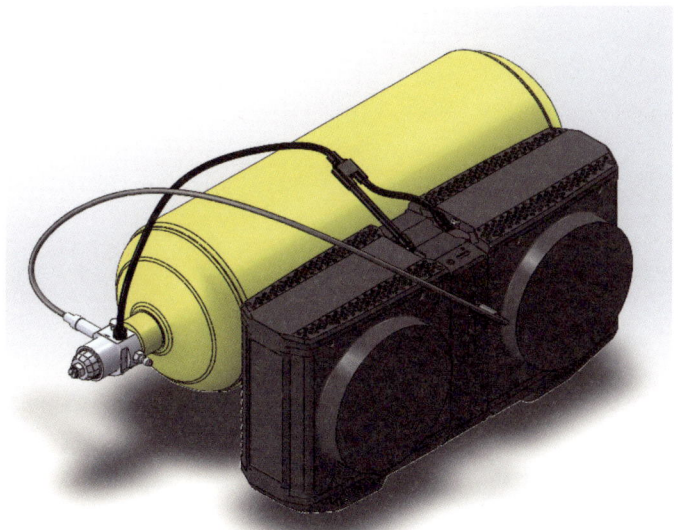

[그림 4.1.2-4] (주)호그린에어 수소 파워팩

• 퍼지 시스템 구성

일반적인 수소 연료전지의 경우, 수소와 산소가 반응해 전기가 생성되며 부산물로 열과 순수한 물이 생성되는데, 열은 연료전지 자체의 냉각 시스템을 통해 배출이 가능하지만 물은 배출이 이루어지지 않을 시 스택 내부에서 넘쳐(Flooding, 플러딩 현상) 스택의 성능 저하를 유발합니다. 이러한 이유로 물의 배출이 스택 성능 유지에 중요한 요소로 작용하며, 생성된 물을 별도의 퍼지 시스템을 구성해 액체 상태로 배출하거나 기체(수증기) 상태로 내부 팬을 통해 밖으로 배출합니다.

• 소비 전력에 맞는 연료전지 선택

전체 소비 전력 계산은 연료전지 시스템 구성 시 가장 중요한 부분으로 현재 제작하려는 드론의 형식, 중량, 모터의 소비 전력, 프로펠러 치수에 따른 양력 발생-소비 전력비 등을 계산해 알맞은 출력의 연료전지를 택해야 합니다.

[표 4.1.2-1] T 모터 제원표 (1)

Type	Voltage (V)	Propeller	Throttle	Trust (g)	Torque (N*m)	Current (A)	RPM	Power (W)	Efficiency (g/W)	Operating Temperature (℃)
U10II	12S (48V)	T-MOTOR G30×10.5" CF	40%	2921	0.96	4.60	1544	226	12.93	82.2 Ambient Temperature: 20℃
			42%	3120	1.05	5.20	1613	253	12.35	
			44%	3369	1.11	5.70	1682	278	12.12	
			46%	3498	1.19	6.30	1752	304	11.49	
			48%	3794	1.27	6.90	1817	334	11.37	
			50%	4208	1.41	8.00	1918	388	10.84	
			52%	4401	1.47	8.50	1971	412	10.69	
			54%	4698	1.55	9.20	2023	446	10.53	
			56%	4855	1.64	9.80	2076	478	10.15	
			58%	5119	1.73	10.60	2151	515	9.94	
			60%	5418	1.8	11.30	2212	550	9.85	
			62%	5478	1.86	12.00	2270	582	9.42	

[표 4.1.2-1]을 바탕으로 수소 연료전지 드론을 오퍼레이팅하기 위해서는 수소 연료전지 드론의 총 무게/모터의 개수를 구해 모터 1개의 소비 전력을 알아야 합니다.

30kg의 헥사콥터 수소 연료전지 드론이라 가정했을 때 모터 1개의 Thrust는 5,119g으로, 이때의 소비 전력은 515W인 것을 확인할 수 있습니다(입력 전압이 12S이고, U10II 모터, G30×10.5" 프로펠러를 사용할 때).

구동부 소비 전력이 515W×모터 6개 = 3,090W(3.09kW)로 2.4kW의 연료전지 사용 시 690W만큼 모자라게 됩니다. 그러므로 위의 표에 따라 30kg의 헥사콥터 수소 연료전지 드론을 띄우기 위해서는 연료전지가 최소 3.1kW의 출력을 보유해야 하고 5kg의 페이로드(Payload)를 요구한다면 최소 3.8kW의 출력을 보유해야 합니다.

[표 4.1.2-2] T 모터 제원표 (2)

Type	Voltage (V)	Propeller	Throttle	Trust (g)	Torque (N*m)	Current (A)	RPM	Power (W)	Efficiency (g/W)	Operating Temperature (°C)
U10II KV100	12S (48V)	T-MOTOR G30x10.5" CF	56%	4855	1.64	9.80	2076	478	10.15	82.2 Ambient Temperature: 20°C
			58%	5119	1.73	10.60	2151	515	9.94	
			60%	5418	1.8	11.30	2212	550	9.85	
			62%	5478	1.86	12.00	2270	582	9.42	
			64%	5834	1.96	12.80	2319	624	9.34	
			66%	6012	2.02	13.50	2375	656	9.16	
			68%	6242	2.1	14.40	2427	698	8.94	
			70%	6502	2.19	15.20	2475	738	8.81	

4.1.3 수소 연료전지의 운전 조건

• 연료전지로 들어가는 수소의 압력

수소 공급 압력은 연료전지 작동 시 출력에 따라 유연하게 입력돼야 하며, 출력에 비해 공급 압력이 따라오지 못하거나 출력에 비해 높은 공급 압력이 가해질 경우, 원하는 출력이 나오지 않거나 연료전지가 꺼지는 현상이 발생할 수 있습니다.

• 작동 고도

대류권에서는 높이에 따라 온도도 내려가지만, 산소량도 떨어지기 때문에 공기가 희박한 높이에서는 연료전지가 작동하지 않을 수 있습니다.

• 작동 온도 및 습도

적절한 온·습도는 스택의 전력 효율을 향상시키며, 습도가 낮을 경우 고분자막이 말라 버릴 수 있고, 습도가 높을 경우 플러딩(Flooding)을 발생시킬 수 있습니다.

※ 수소 연료전지 전력 발생 순서
연료전지 시스템은 수소가 저장 용기에서 레귤레이터를 지나 연료전지 스택으로 수소를 공급하는 연료 공급 시스템을 거쳐 스택 내부에서 공기와 반응을 일으켜 전기 에너지를 만들게 하는 시스템입니다. 스택에서 생성된 전기 에너지는 드론의 전원을 공급하게 됩니다.

• 수소 연료전지의 전력 발생 순서

Step ① 저장되어 있는 수소 용기에서 수소가 레귤레이터(일정한 전압을 유지시켜 주는 장치)를 지나 스택으로 이동합니다.

Step ② 스택에서 수소와 산소의 화학 반응을 통해 전기와 열 그리고 물이 발생합니다.

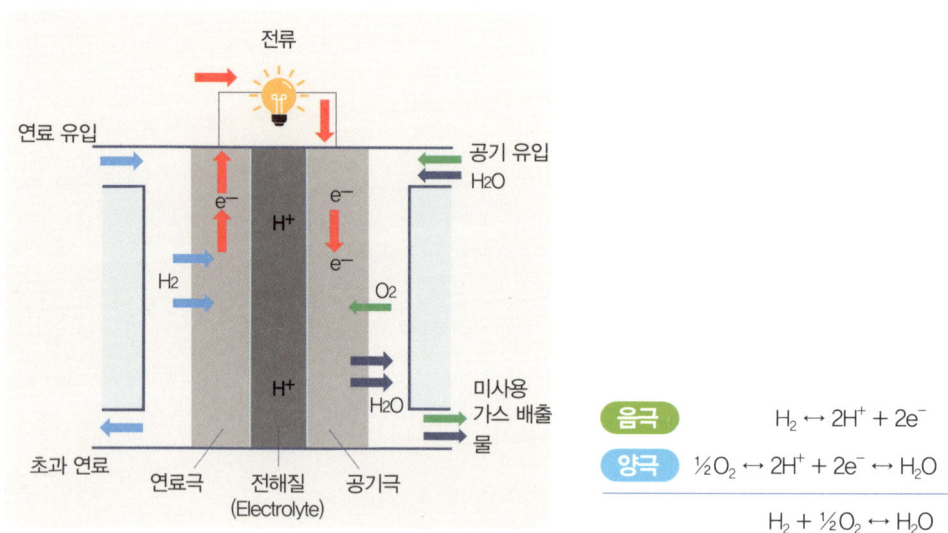

[그림 4.1.3-1] 수소 연료전지 화학 반응도

수소는 압력차에 의해 촉매 쪽으로 이동하여 음극 촉매 층에서 수소 분자(H_2)가 $2H^+ + 2e^-$로 분리되며 여기에서 수소에서 나온 전자($2e^-$)는 연료극(Anode)을 통과하며 '전기를 발생'시키고 다시 공기극(Cathode)으로 들어옵니다.

Step ❸ 스택 내부에서 생성된 에너지는 드론의 전원 공급으로 사용합니다.

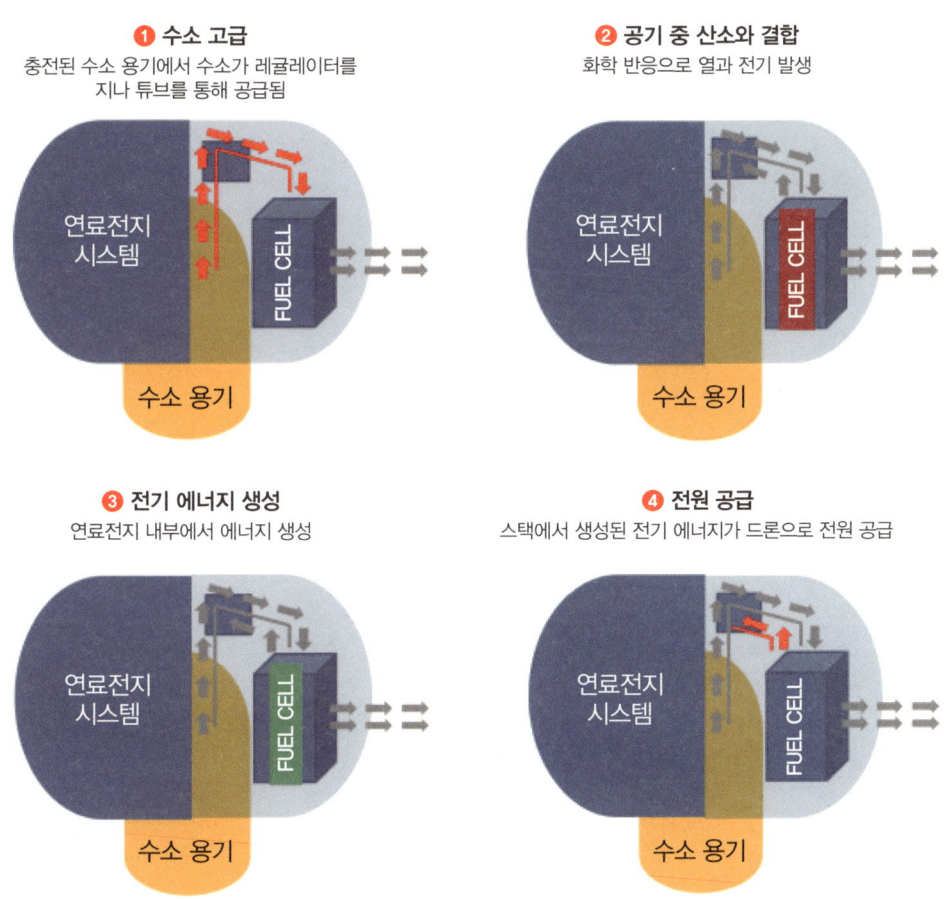

[그림 4.1.3-2] 연료전지 시스템 전력 발생도

이러한 과정에서 발생된 물의 배출이 중요합니다. 보통 기체 외부로 배출이 되도록 랜딩기어 하단부를 통해 미스트 형태로 배출시킵니다. 또는 파워팩에서 발생되는 열 관리를 하기 위해 사용되기도 합니다.

2 Chapter 기체 설계

Hydrogen Fuel Cell Drone

기체를 설계하기 위해서는 양력의 발생 원리와 각 기체 부품의 명칭 및 역할에 대한 학습이 필요합니다. 따라서, 이번 장에서는 비행 역학 이론과 기체의 각 부품에 대하여 알아보겠습니다.

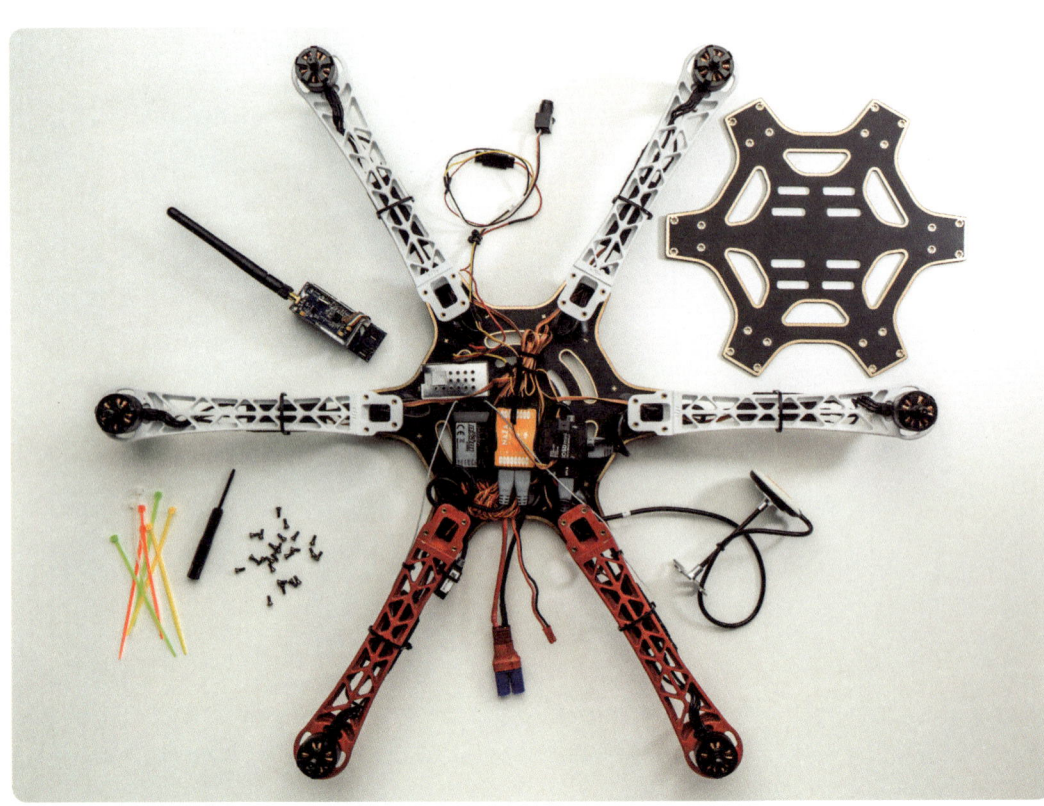

지구의 대기 중 특히, 대류권에서는 드론에 작용하는 많은 외력이 존재합니다. 드론을 뜨게 하는 양력 외에도 추력, 항력, 마찰력 등 수많은 힘이 존재합니다. 작용하는 힘을 이해하기 위해 유체의 특성을 파악하고, 힘의 원리에 대하여 알아보겠습니다.

4.2.1 비행 이론

드론에 작용하는 힘과 발생 원리, 그리고 작용하는 힘들에 의해 드론이 어떻게 비행하는지를 이해하고, 드론 설계 시 이를 적용해 역학적으로 효율적인 비행이 가능하도록 하고 임무 특성에 따른 다양한 설계 요구 조건을 충족시킬 수 있습니다.

• 대기

대기는 지구를 감싸고 있는 공기입니다. 질량 및 무게가 존재하지만 모양이 정해져 있지 않으며 주로 질소와 산소로 이루어져 있습니다. 수증기를 제외한 공기 성분은 약 80km까지 거의 일정하고, 지구 대기권은 고도에 따라 대류권, 성층권, 중간권, 열권, 외기권 등으로 구분됩니다.

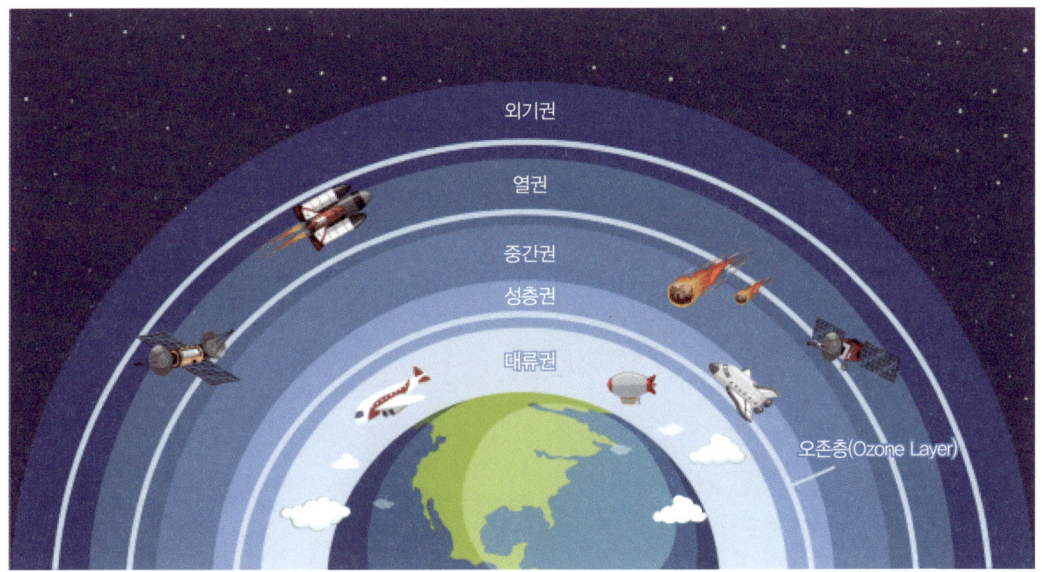

[그림 4.2.1-1] 대기권의 구성

• 유체

유체는 고체에 비해 형상이 일정하지 않아 변형하기 쉽고 자유롭게 흐를 수 있는 액체 또는 기체를 총칭하는 말로, 액체와 기체는 밀도 측면에서 상당히 다르지만, 유체로서의 특성을 보이고 압력이 가해져도 쉽게 변형되지 않습니다. 공기의 유체 특성을 이해하는 것은 비행 원리를 이해하는 첫걸음이라 할 수 있습니다.

• 유체의 특성과 용어 정리

점성(Viscosity)은 유체가 이동하지 않으려는 성질로, 모든 유체는 점성을 가지며 흐름에 대한 저항을 가집니다. 공기도 유체이기 때문에 점성이 존재하고 물체 주위의 흐름에 대해 저항을 가집니다.

마찰(Friction)은 두 물체가 사이의 접촉된 부분에서 움직일 때 발생하는 힘으로, 항공기의 경우 날개의 표면이 거칠기 때문에 공기 흐름에 대한 마찰력이 발생하고 공기 흐름의 속도를 낮춥니다.

항력(Drag)은 마찰과 점성이 날개 위의 공기 흐름을 방해하면서 작용하며, 두 종류의 힘의 합으로 표현할 수 있습니다.

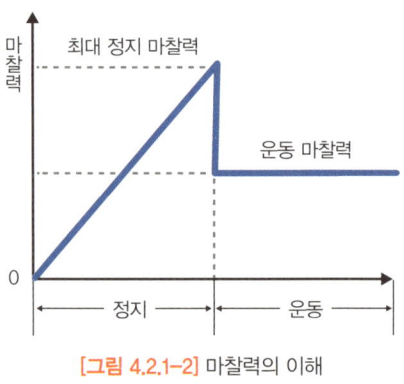

[그림 4.2.1-2] 마찰력의 이해

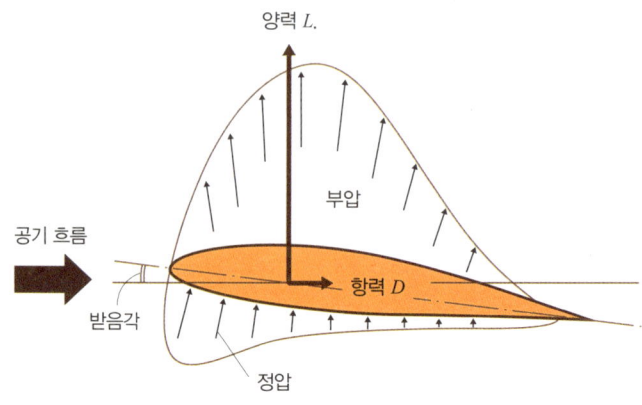

[그림 4.2.1-3] 에어포일에서의 항력

압력(Pressure)은 물체 표면에 수직으로 작용하는 힘으로, 압력이 가해진 표면의 압력보다 다른 쪽 물체 표면의 압력이 낮아지면, 물체는 압력이 높은 쪽에서 낮은 쪽으로 움직인다.

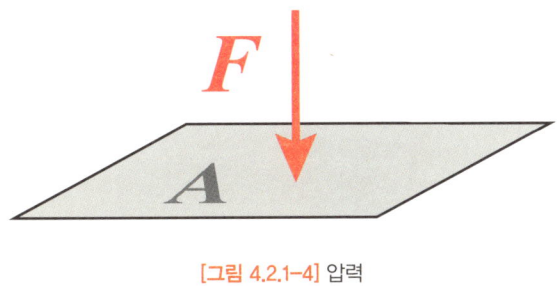

[그림 4.2.1-4] 압력

대기압(Atmospheric Pressure)이란, 공기가 중력의 영향을 받아 무게가 생기고, 이로 인해 물체에 압력을 끼치는 것을 말합니다.

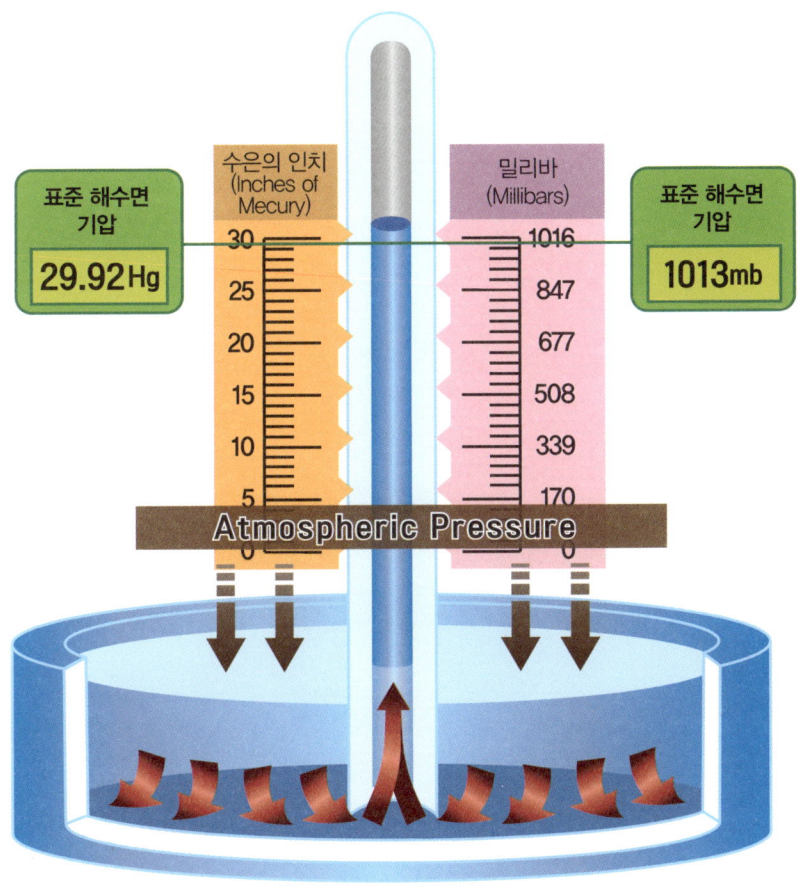

[그림 4.2.1-5] 대기압과 표준 해수면 기압(출처: flightliteracy.com)

● **양력 발생 원리**

양력이란, 항공기를 뜨게 하는 힘으로, ICAO(국제민간항공기구)에서는 양력 발생 방법을 중심으로 경항공기와 중항공기로 분류합니다.

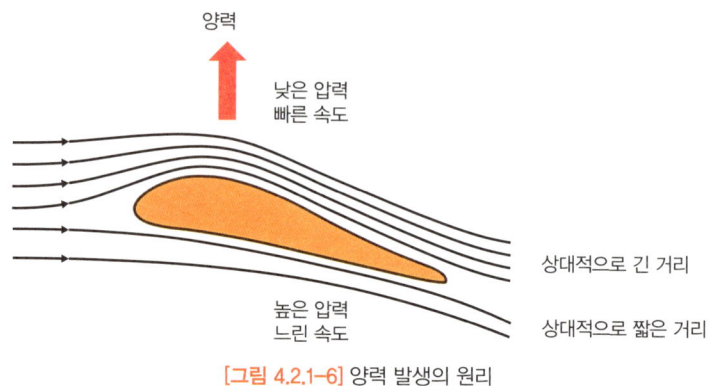

[그림 4.2.1-6] 양력 발생의 원리

경항공기의 양력 발생 원리는 주변의 공기보다 가벼운 공기를 이용해 부양하는 것으로, 공기의 밀도 차이, 공기의 무게 차이 등이 있습니다. 초경량 비행 장치의 경우 열기구, 가스 기구, 계류식 기구, 무인 비행선이 경항공기에 해당합니다.

중항공기는 항공기의 회전 또는 날개를 통해 양력을 발생시키며 초경량 비행 장치의 경우, 타면 조종형 비행 장치, 체중 이동형 비행 장치, 헬리콥터, 자이로플레인, 동력패러글라이더, 패러글라이더, 행글라이더, 무인 비행기, 무인 헬리콥터, 무인 멀티콥터가 중항공기에 해당합니다.

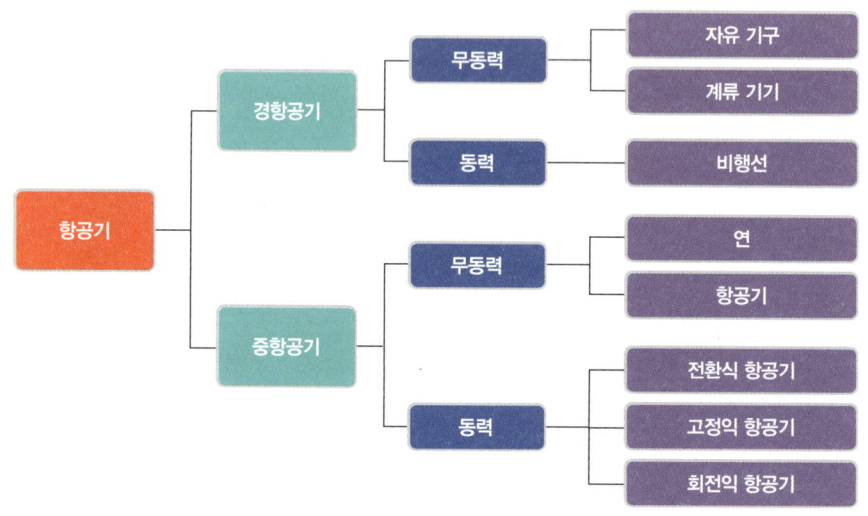

[그림 4.2.1-7] 양력 발생 원리에 따른 항공기 분류

• 베르누이의 원리

스위스의 수학자인 다니엘 베르누이의 '베르누이의 원리'는 움직이는 유체(액체 또는 가스)의 압력이 운동 속도에 따라 어떻게 변화하는지를 설명합니다. 움직이는 유체의 속도가 증가하면, 압력은 감소한다는 이 원리는 항공기 유선형 날개의 위를 지나가는 공기의 흐름이 어떤 결과를 만드는지 설명합니다.

베르누이의 원리는 입구를 지나면 통로가 좁아지고, 좁은 통로를 지나면 다시 통로가 넓어져 공기가 배출되는 벤추리관으로 설명할 수 있습니다. 배출구의 지름은 유입구와 같고 관으로 유입되는 공기의 질량은 관 밖으로 나가는 질량과 정확히 같아야 하므로(질량 보존의 법칙) 좁은 지점에서 같은 양의 공기가 통과하려면 속도가 증가하여야 합니다. 공기 속도가 증가하면 압력은 감소하며, 좁은 지점을 지나면, 공기 흐름은 다시 느려지고 압력은 증가합니다.

베르누이는 이상 유체의 정상 흐름에서의 전압(Total Pressure)은 정압(Static Pressure)과 동압(Dynamic Pressure)의 합으로, 항상 일정하다고 정의하였습니다. 정압은 물체 표면에 수직으로 작용하는 단위 면적당 공기력, 동압은 유체 속도의 제곱에 비례하는 단위 면적당 공기력을 말합니다.

유체의 밀도를 ρ, 속도를 V라고 하면 동압 q는 $q = \frac{1}{2}\rho V^2$로 표현됩니다. 유체의 정상 흐름에서 동일한 유선상의 정압과 동압 사이에는 '정압(P)+동압(q)=전압(P_t)=일정' 관계가 성립됩니다. 유체 흐름에서 정압과 동압의 합이 일정한 데이터를 전압(Total pressure)이라고 합니다. 전압(Total Pressure)을 식으로 표현하면 $P + \frac{1}{2}\rho V^2 = P_t$와 같습니다.

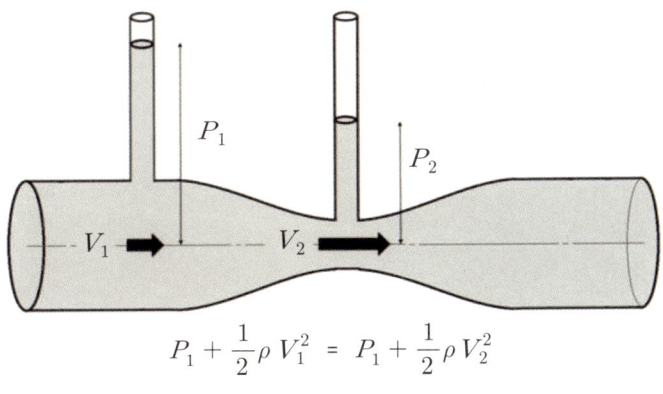

[그림 4.2.1-8] 베르누이의 정리

유체의 유선에서 동일 유선상에 있는 두 지점 1, 2 사이의 에너지 관계를 수식으로 나타내면

$$P_1 + \frac{1}{2}\rho V_1^2 = P_2 + \frac{1}{2}\rho V_2^2 = P_t$$

가 되며, 이 관계를 '베르누이의 정리(Bernoulli's Theory)'라고 합니다.

이 관계를 정리하면 동압이 작은 지점은 정압이 크고, 동압이 큰 지점은 정압이 작다는 것을 의미합니다. 즉, 단면적이 큰 지점은 유속이 작고, 유속이 작으면 동압이 작으므로 정압이 크고, 단면적이 작은 지점은 유속이 크고 유속이 크면 동압이 크므로 정압이 작습니다. 결과적으로 단면적이 넓은 지점은 정압이 크고 면적이 좁은 지점은 정압이 작습니다.

날개 에어포일의 윗면을 지나가는 공기의 흐름은 속도를 증가시키고, 저압 지역이 생성됩니다. 이를 응용하면 날개 아랫면의 압력이 윗면의 압력보다 높아지므로 날개를 위로 들어올리는 공기력인 양력(Lift)이 만들어집니다. 양력 계수(C_L), 날개 면적(S), 속도(V), 공기 밀도를 ρ라고 하면 '양력(Lift)$=C_L \times S \times (\frac{1}{2} \times \rho \times V^2)$'으로 표현됩니다.

• 에어포일

에어포일의 앞부분을 '앞전(Leading Edge)', 뒷부분을 '뒷전(Trailing Edge)'이라 하는데, 앞부분은 뒷전에 비해 둥글고 뒷전으로 갈수록 좁고 가늘어집니다. 에어포일의 앞전과 뒷전을 연결하는 직선을 '시위선(Chord Line)'이라고 합니다.

에어포일의 각 지점에서 시위선으로부터 윗면과 아랫면까지의 길이는 위 캠버와 아래 캠버의 길이를 나타냅니다. 평균 캠버선(Mean Camber Line)은 윗면과 아랫면의 길이가 같은 지점을 연결한 선입니다.

에어포일은 공기의 움직임으로부터 양력을 만들어 내는 방법으로 고안되었습니다. 이는 에어포일의 위, 아래로 흐르는 공기의 흐름과 속도 차이로 발생하는 윗면과 아랫면의 압력차이로 인하여 날개를 위로 들어올리려는 양력을 발생시킵니다.

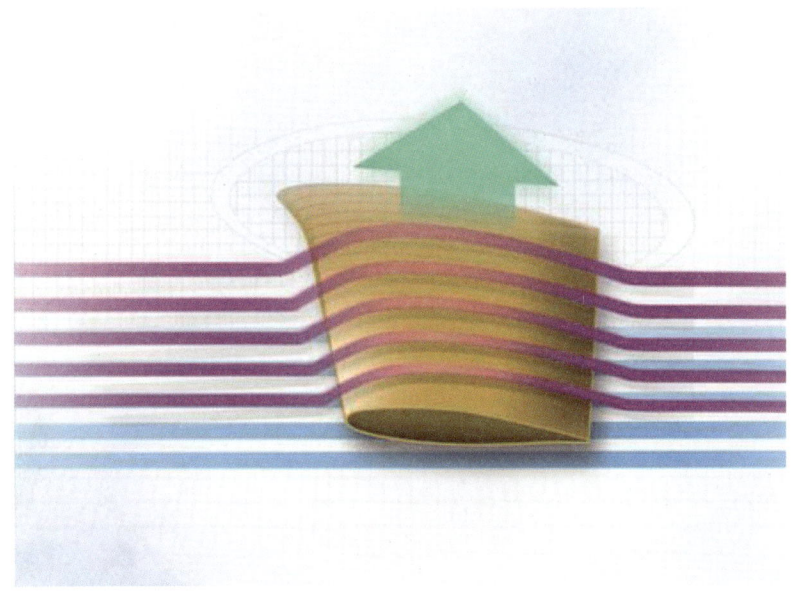

[그림 4.2.1-9] 에어포일에서의 공기 흐름

• **비행과 항공 역학의 네 가지 힘**

비행 중인 항공기에는 네 가지 힘(양력, 중력, 추력, 항력)이 작용합니다.

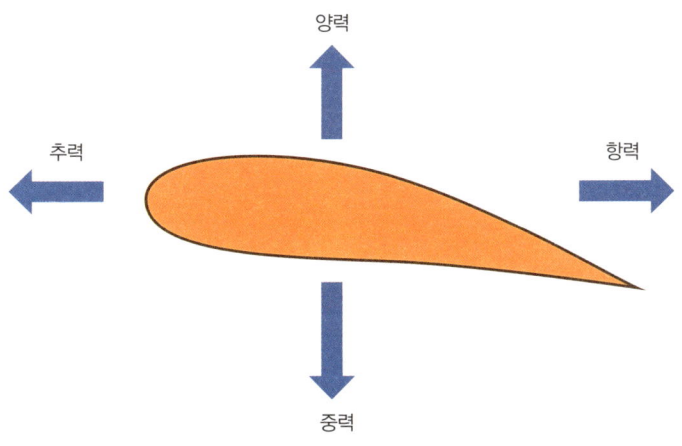

[그림 4.2.1-10] 항공기에 작용하는 4대 힘

❶ **양력:** 항공기의 날개(에어포일)가 공기 중을 통과하면서 발생하는 힘입니다. 양력은 항공기의 비행 경로(상대풍)에 대해 수직으로 작용하고, 양력의 중심 위치는 받음각(AOA)의 크기에 따라 변합니다. 수평 비행에서 양력과 중력은 반대 방향으로 작용합니다.

❷ **중력:** 항공기 자체의 무게, 탑승자, 연료, 화물 등의 무게를 합한 것입니다. 무게는 중력에 의해 항공기를 지면으로 끌어당기는 힘입니다. 이는 양력과 반대로 작용하며, 항공기 무게중심(CG)을 통하여 지구 중심을 향해 작용합니다.

❸ **추력:** 추진 장치인 엔진, 프로펠러, 또는 회전 날개에서 발생하는 힘으로, 항공기를 앞으로 전진시키는 힘을 말합니다. 이는 항력과 반대 방향, 일반적으로 항공기의 세로축과 평행하게 작용합니다.

❹ **항력:** 항력은 날개와 회전 날개, 그리고 동체나 다른 돌출된 부분은 공기 흐름에 대한 저항을 발생시키고, 이는 뒤로 향하여 항공기의 전진을 방해하는 힘이 됩니다. 항력은 일반적으로 추력에 반대, 상대풍(Relative Wind)과 평행하게 작용합니다.

• 항력의 구분

항력은 크게 유도항력(Induced Drag)과 유해항력(Parasite Drag)으로 구분합니다.

❶ **유도항력:** 날개 에어포일에 흐르는 공기는 압력 차이에 의해 발생하는 공기 흐름에 따라 양력 성분이 날개 뒷부분으로 기울어지는데, 이때 뒤로 기울어진 양력의 수평 성분은 항력 성분으로 만들어지는데, 이렇게 만들어진 항력을 '유도항력'이라 합니다. 날개 끝 부근의 압력 차이로 공기의 흐름이 날개 밑면에서 윗면을 향하여 바깥쪽으로 흐릅니다. 이러한 측면 흐름은 날개 끝 공기에 회전 속도를 주어 에어포일의 뒤쪽에 와류(Vortex)를 형성합니다. 항공기를 뒤에서부터 보면 와류는 오른쪽 날개 끝에서 반시계 방향, 왼쪽 날개 끝에서 시계 방향으로 회전합니다. 이 공기 흐름이 날개 뒤쪽으로 돌아나아가면서 아래로 향하게 되는데, 이를 '하향기류(Downwash)'라고 합니다. 이러한 하향기류가 클수록 유도항력은 증가됩니다.

❷ **유해항력:** 항공기 주변 공기의 흐름, 난기류 또는 항공기 에어포일 등 항공기의 형상으로 인해 공기의 흐름을 방해함으로써 발생하는 항력을 말합니다.

• 유해항력의 구분

유해항력은 형상항력(Form Drag), 간섭항력(Interference Drag), 표면 마찰항력(Skin friction Drag)으로 나뉩니다.

❶ **형상항력(Form Drag):** 형상항력은 항공기 동체와 그 주위를 지나가는 공기의 흐름으로 생겨나는 항력입니다. 형상항력을 줄일 수 있는 방법은 가능한한 많은 부분을 유선형(Streamline)으로 설계하는 것입니다.

❷ **간섭항력(Interference Drag):** 간섭항력은 소용돌이, 난기류, 부드러운 공기 흐름이 교차되면서 발생합니다. 예를 들면, 날개와 동체가 만나는 날개 뿌리 부분에서 상당한 간섭항력이 발생하는데, 그 이유는 동체를 지나는 공기 흐름과 날개를 지나는 공기 흐름이 서로 충돌하여 이전의 두 공기 흐름과는 다른 공기 흐름으로 합쳐지기 때문입니다. 가장 간섭항력이 크게 작용하는 부분은 두 면이 수직으로 만나는 부분입니다. 주로 이런 곳에서는 항력을 줄이기 위해 페어링(Fairing)을 장착합니다.

❸ **표면 마찰항력(Skin Friction Drag):** 표면 마찰항력은 공기가 항공기 표면을 지나갈 때 발생하는 공기역학적 저항을 말합니다. 항공기 표면 위로 지나가는 공기 분자들은 항공기의 속도만큼 속력을 갖는데, 이를 '자유 기류 속도(Free Stream Velocity)'라고 하고, 이 자유 기류 속도 층과 항공기 표면 사이를 '경계층(Boundary Layer)'이라고 합니다. 이 경계층의 바로 위쪽에서의 공기 분자들은 경계층 위에 흐르는 공기와 비슷한 속도(자유 기류 속도)로 움직입니다. 이 공기 분자들의 속도는 날개의 형태나 공기의 점성, 압축 정도에 따라 달라집니다. 이 경계층이 날개 표면으로부터 분리될 때 양력의 감소와 항력의 증가를 가져오는데, 그 대표적인 현상이 실속(失速, stall)입니다.

• 지면 효과(회전익)

무인 멀티콥터의 경우 프로펠러 시스템이 회전하게 되면 프로펠러에 의하여 많은 양의 공기를 아래로 펌핑(Pumping)하기 때문에 하강 기류가 형성됩니다. 멀티콥터가 지면 또는 어떠한 주변 물체에 가까이 비행을 하거나 이·착륙을 할 때 날개 끝단 와류는 지면 또는 주변 물체에 의해 차단되고, 하강 기류 속도가 줄어들면서 회전으로 발생하는 일부 기류가 지면 또는 주변 물체에 충돌, 상승하여 프로펠러의 성능을 크게 향상시키는 지면 효과 현상이 발생합니다.

지면 효과는 로터 직경의 0.5배 고도에서 추력이 약 7% 증가하고, 로터 직경의 1.25배 고도에서는 증가율이 정지되며, 고도뿐만 아니라 지면의 형태에도 많은 영향을 받습니다. 즉,

평탄하게 포장된 지면은 효과가 크게 나타나고, 거친 지면이나 수면 상공에서는 효과가 부분적으로 와해되어 하향 기류가 증가되면서 와류가 다시 발생하여 양력이 감소합니다.

지면에서는 지면과 수직 한 방향으로의 공기의 흐름이 없으므로 블레이드의 단면에 대해 받음각을 증가시키는 결과를 가져와 양력 벡터의 크기가 증가합니다.

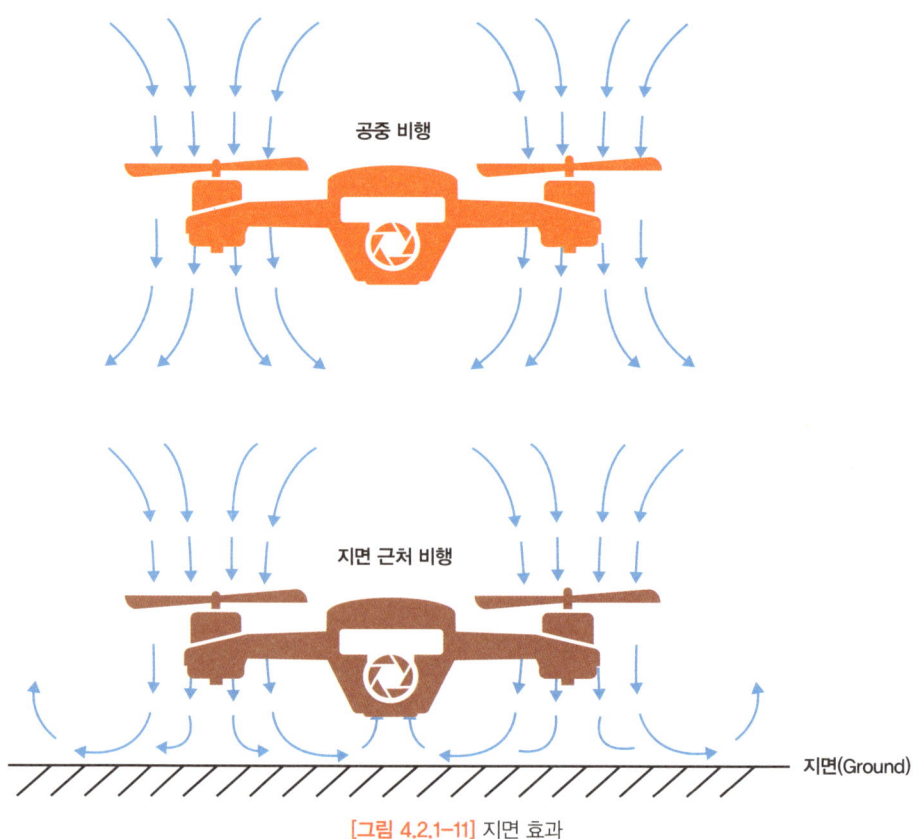

[그림 4.2.1-11] 지면 효과

• 항공기의 운동과 축

항공기(비행 장치) 운동 축(Axis)은 3개의 선으로 무게중심을 기준으로 서로 교차되어 있으며, 항공기(비행 장치)가 운동하는 기준이 됩니다. 이들 3축은 서로 90도의 각으로 교차하며, 무게중심을 통과하고, 항공기(비행 장치)의 앞과 뒤를 연결하는 세로축, 날개 끝을 연결하는 가로축 그리고 그 선들과 수직으로 이루어진 수직축으로 되어 있습니다. 고도를 변경하고 방향을 변화시킬 때마다 1개 또는 그 이상의 축들이 회전하게 됩니다.

• **타면 조종형 비행 장치의 움직임**

롤(Roll)은 에일러론(Aileron)에 의해, 피치(Pitch)는 엘리베이터(Elevator), 요(Yaw)는 러더(Rudder)에 의해 조종됩니다.

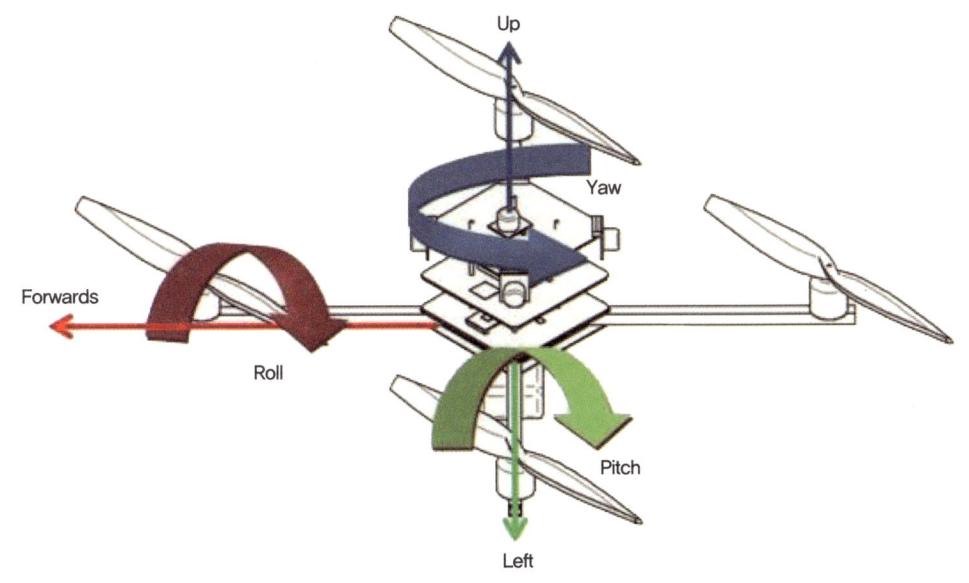

[그림 4.2.1-12] 드론의 3축 운동

4.2.2 하드웨어 구성

• **센터 플레이트**

드론의 센터 플레이트는 사람의 몸통과 같은 역할을 하며 뻗어나가는 암을 홀더를 통해 단단히 고정시켜 기체의 안정성을 크게 향상시키는 역할을 합니다. 센터 플레이트의 경우 멀티콥터의 형식 및 사용 목적에 따라 수많은 모양(사각형, 오각형, 육각형, 팔각형 등)과 크기가 존재하며 그 역할은 동일합니다. 기체를 설계하고 조립함에 있어 중심이 되는 센터 플레이트는 알루미늄을 가공한 센터 플레이트도 있지만, 보통 카본 소재를 많이 사용하며 기체 크기에 따라 두께를 달리해 설계하게 됩니다. 설계 시 구조에 따라 지지대의 나사 구멍, 암 홀더의 나사 구멍, 기타 부품들의 위치까지 고려해 설계해야 하며, 센터 플레이트 설계가 기체 설계 비중의 70%를 차지합니다.

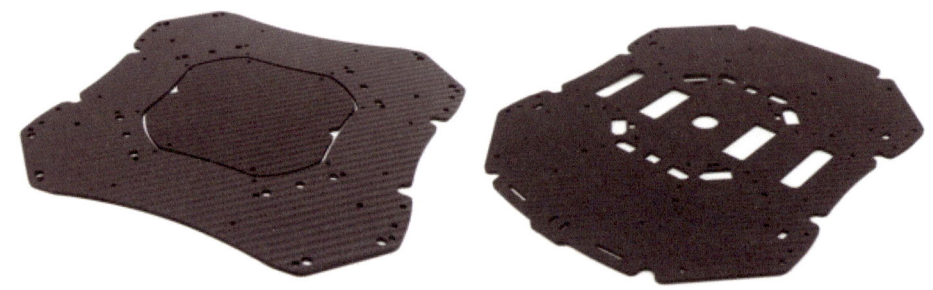

[그림 4.2.2-1] 드론의 센터 플레이트

• **카울**

  카울은 FC 및 기타 전자 부품을 먼지와 물로부터 보호해 주며, 외관적으로 완성된 느낌을 줍니다. 종류에 따라 암에 고정해 상부만 커버하는 카울과 센터 플레이트 상하판 전체를 감싸는 풀 카울이 있습니다. 풀 카울의 경우, 방수성을 높여 주며 내부 실링 유무에 따라 차이가 생깁니다.

[그림 4.2.2-2] 드론의 카울

• **랜딩 스키드**

  드론의 모든 하중을 받으며 랜딩 시 지면과의 충격을 직접적으로 받는 부분입니다. 랜딩 스키드는 랜딩에만 사용되지 않고, 임무 장비를 장착할 마운트 역할도 합니다. 랜딩 스키드의 기본형태는 T자로, 주로 소형 기체에 많이 쓰입니다. 중형 기체의 경우 T자형을 개조한 더블 T자 형태를 주로 사용하며 이외에도 U자 형태처럼 밴딩 스키드를 사용하는 기체도 있습니다. 특수 목적용 스키드의 경우 서보모터를 장착해 접히거나 수납되는 스키드나 수상 랜딩에 적합한 워터 랜딩 스키드도 존재합니다.

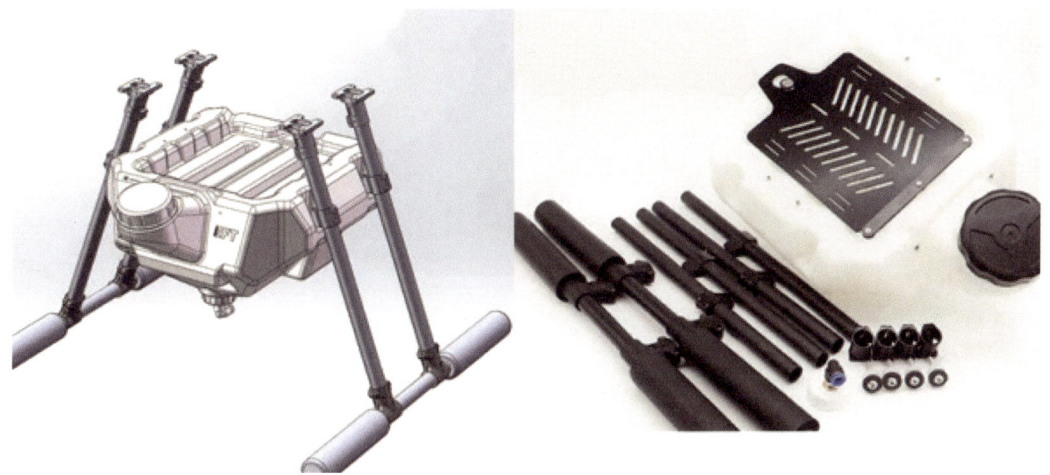

[그림 4.2.2-3] 드론의 랜딩 스키드

● 암

    센터 플레이트와 모터를 연결해 주는 드론의 팔 부분으로, 주로 카본이 사용됩니다. 기체 설계 시 기체 급수에 맞는 카본 두께와 길이로 구성해야 하고, 센터 플레이트의 사용 방법에 따라 밴딩 암을 사용해 무게중심을 낮출 수 있고, 높일 수도 있습니다. 둥근 원통 형태의 암이 가장 많이 사용되며, 정사각형, 직사각형부터 육각, 팔각까지 여러 종류의 암이 존재합니다.

[그림 4.2.2-4] 드론의 암

• 모터

모터는 크게 일반 모터와 서보 모터로 나뉘며, 일반 모터에서도 브러시 모터와 브러시리스 모터로 구분됩니다. 일반 모터는 드론의 구동부로 모터의 성능에 따라 기체의 최대 이륙 중량이 달라집니다. 기체 설계 시 모터의 소모 전력을 확인해 설계해야 하며, 소모 전력 대비 높은 무게를 들 수 있어야 합니다. 일반적으로 모터 내부의 전자석에 전기를 공급하는 부분에 브러시가 없는 브러시리스 모터(BLDC 모터)를 주로 사용하며, 별도의 전자변속기(ESC)가 필요하다는 단점이 있습니다.

[그림 4.2.2-5] 브러시리스 모터

• 전자 변속기

전자 변속기(ESC, Electronic Speed Control)는 전기적으로 속도를 제어하는 부품으로, 브러시리스 모터에 필수적으로 사용됩니다. 기본적으로 PWM 방식으로 통신하며 신호선을 교차하거나 교차하지 않는 방식으로 모터의 회전 방향을 결정지을 수 있습니다.

ESC의 종류에는 BEC와 OPTO가 있습니다. BEC는 배터리 제거 회로로, 전압 조정기 역할을 하며, OPTO는 광통신을 통해 모스 부호와 같은 방식으로 신호를 주고받는 종류의 ESC입니다.

[그림 4.2.2-6] 드론의 전자 변속기

• 배터리 마운트

배터리 마운트는 배터리를 고정시켜 안정적인 비행을 가능하도록 합니다. 드론의 특성에 따라 센터 플레이트 안에 수납하는 형태, 센터 플레이트 하부에 장착하는 형태, 센터 플레이트 상부에 장착하는 형태, 랜딩 스키드 측면에 수납하는 형태 등 종류와 용도에 따라 다양한 형태의 배터리 마운트가 존재합니다.

[그림 4.2.2-7] 드론의 배터리 마운트

• 모터 마운트

드론의 암에 모터를 마운트시킬 수 있게 해 주는 부품입니다. 홀더와 통합되어 나오는 일체형과 분리되어 나오는 분리형이 있고, 각각 사용한 가공재에 따라 카본과 알루미늄으로 나뉩니다.

[그림 4.2.2-8] 드론의 모터 마운트

● **암 관절**

소형 기체에는 드물게 사용되며, 중형 이상의 기체에서 주로 사용됩니다. 기체의 급수가 커지면 보관과 이동이 불편해지는데, 이때 암 관절을 장착해 폴딩 암으로 사용하는 것이 대부분입니다. 관절 없이 일자형으로 사용하는 경우, 기체의 안정성은 향상하는 데 비해 불편함이 커 일정 급수 이상은 필수적으로 관절을 장착합니다.

[그림 4.2.2-9] 드론의 암 관절

● **홀더**

드론에는 여러 종류의 홀더(스키드 홀더, GPS 홀더, 암 홀더 등)가 사용되며, 기체의 안정성에 중요한 역할을 합니다. 모터 마운트 또한 홀더의 일종으로 센터 플레이트의 상하판을 지지해 주는 서포터 또한 홀더의 일종이라 볼 수 있습니다.

[그림 4.2.2-10] 드론의 종류별 홀더

• 프로펠러

모터에 고정되어 모터와 함께 회전하며 양력을 발생시킵니다. 시계 방향(CW)과 반시계 방향(CCW)이 다르며 회전 방향에 따라 공기의 흐름을 달리해 윗면과 아랫면의 압력 차이를 발생시켜 양력을 얻습니다. 초기에는 나무가 사용되었으며, 현재는 주로 카본 심에 카본을 입힌 우드 카본 소재가 가장 널리 사용됩니다. 가격이 비싼 우드 카본 소재 대신 강화 플라스틱 프로펠러 또한 널리 쓰이고 있습니다. 프로펠러의 형태에 따른 종류로는 깃의 개수에 따라, 접이식 유무에 따라 나뉩니다.

[그림 4.2.2-11] 드론의 프로펠러

• FC

비행 제어 기기로, 기체의 모든 데이터를 저장하고 처리하는 장치입니다. 사람으로 치면 뇌에 해당하는 중요한 기기이며, FC(Flight Controller) 없이 모터를 직접 제어해 컨트롤하려면 1초에 2,400회 이상의 비행 조작을 해야 합니다. FC에는 고도, 기압, 가속도, 자이로, 지자계 등의 센서가 들어가 있어 기체의 위치 및 자세 데이터를 읽을 수 있습니다.

[그림 4.2.2-12] 드론의 FC

• GPS 수신 모듈

GPS는 'Global Positioning System'의 약자로, 최소 24개 이상의 위성으로 이루어진 위성 항법 시스템입니다. GPS는 미 국방에서 개발한 것으로 유럽 연합은 갈릴레오, 중국은 바이두, 일본의 QZSS, 인도의 NAVIC 등을 통틀어 'GNSS' 시스템이라 부릅니다. 드론에서는 GNSS 위성의 좌푯값을 수신받은 후 기체의 위치를 특정해 좌표계 비행을 할 수 있도록 합니다.

[그림 4.2.2-13] 드론의 GPS 수신 모듈

• 전원 분배 보드

드론의 FC부터 모터까지 배터리에서 나온 전력을 정격 전압에 맞게 분배하는 역할을 합니다. 분배 보드 설계는 기체 설계를 하며, 가장 먼저 고려해야 할 작업입니다. 추가 임무 장비의 장착 시 임무 장비의 전압과 전류에 맞게 분배 보드를 제작해 전력을 공급해 주어야 합니다.

[그림 4.2.2-14] 드론의 전원 분배 보드

Chapter 3. 수소 연료전지 드론 조립

Hydrogen Fuel Cell Drone

수소 연료전지 드론은 설계 과정에서 연료전지 시스템(수소 용기, 스택, 냉각 시스템 등)이 원활하게 작동될 수 있도록 충분한 공간을 확보해야 합니다. 특히 수소가 장착되는 위치는 어떠한 외부적 요인에도 누출되지 않도록 조립해야 합니다.

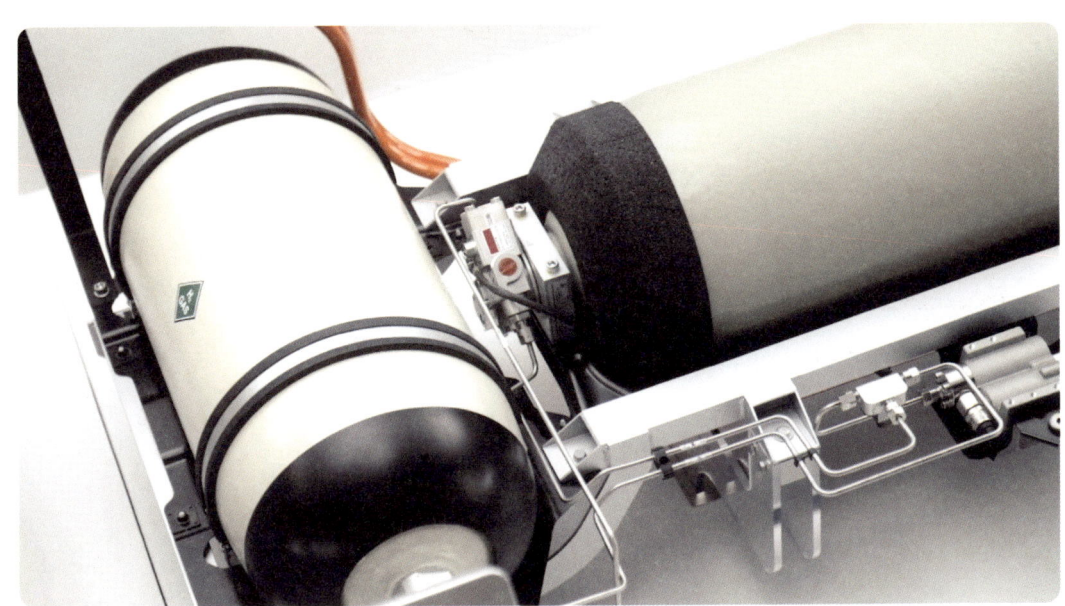

수소 연료전지 드론 조립 시 일반 드론과는 다르게 연료전지와 수소 용기의 공간을 생각한 설계를 바탕으로 조립해야 합니다. 센터 플레이트 또한 연료전지와 용기의 크기에 따라 일반 드론보다 크게 제작되어야 하고 조립할 때 센터 플레이트의 강성을 보조해 줄 지지대도 알맞게 조립되어야 안정적인 드론을 제작할 수 있습니다.

4.3.1 조립 준비

• **조립에 필요한 공구**

▲ 스크루 드라이버 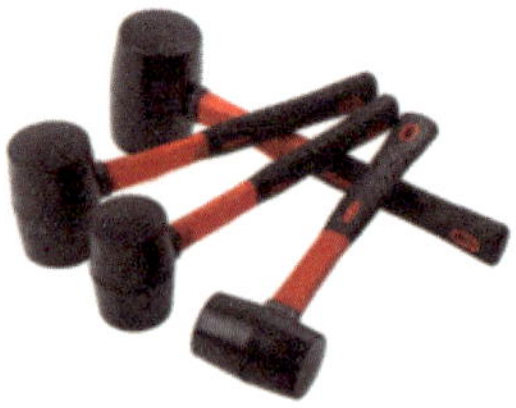   ▲ 고무망치    ▲ 인두기

▲ 수평계    ▲ 드릴    ▲ 니퍼

▲ 회전계 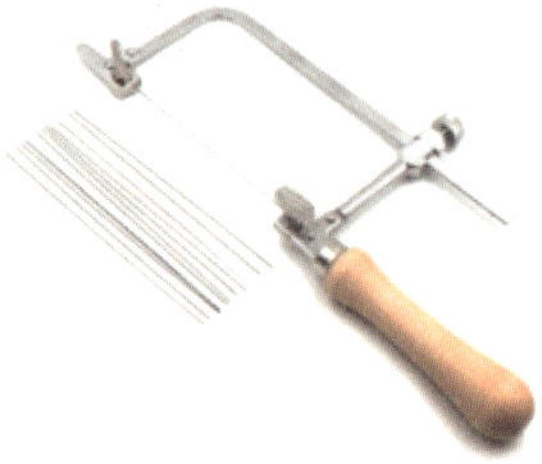   ▲ 줄톱

• **설계 도면 검토**

설계 도면에 따라 타공의 개수, 크기, 위치 등을 파악해 조립을 준비합니다.

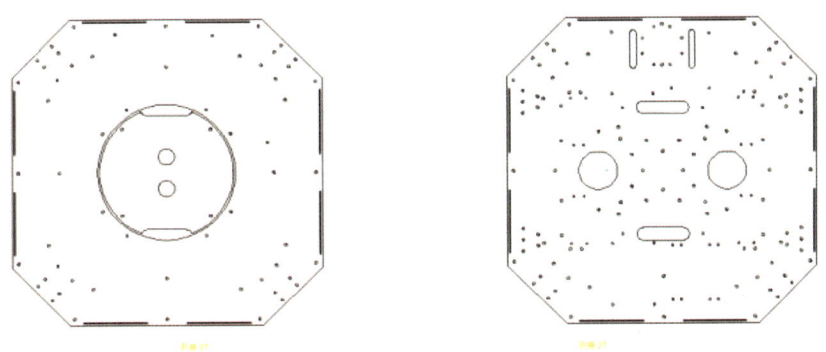

[그림 4.3.1-1] 드론 센터 플레이트 도면

• **조립 순서 및 동선 정하기**

드론의 조립 순서와 동선은 정해진 틀은 없지만, 제작하려는 드론의 목적과 조립자의 개인 성향에 따라 정해집니다. 보통은 기체를 하부, 상부, 구동부로 나누고, 하부 → 상부 → 구동부 순으로 조립합니다.

4.3.2 조립 실습

• 기체 하부 제작 순서

Step 1 랜딩 기어 조립하기

랜딩 기어는 기체 착륙 시 모든 하중을 견디는 부품이기 때문에 연결 부위의 커넥터를 강하게 체결해야 착륙 중 사고를 예방할 수 있습니다.

Step 2 랜딩 기어 조립하기

스키드와 랜딩 기어를 조립할 때 기체 하판의 넓이를 계산해 정확히 일치시킨 후 나사를 체결합니다.

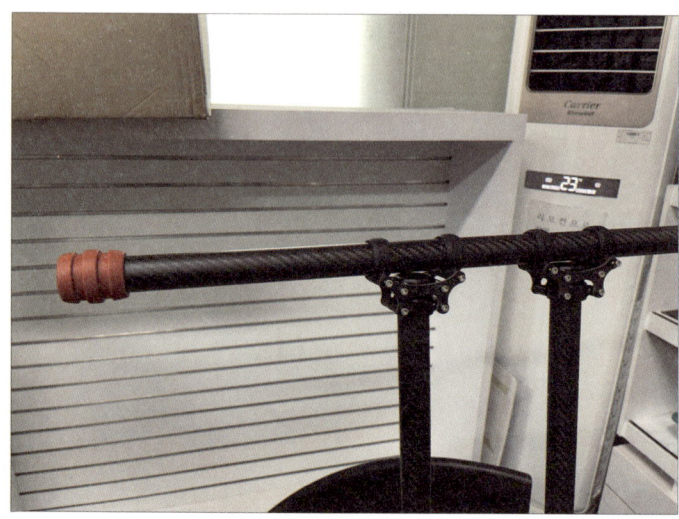

• 드론 상부 제작하기

Step 1 센터 플레이트 조립하기

기체의 센터 플레이트에 암 홀더를 장착합니다.

Step 2 모터 마운트 및 암 체결하기

기체의 암과 모터가 올라갈 모터 마운트를 체결하고 암 홀더와 결합합니다. 이때 모터 마운트와 암 사이에 홈이 없다면 비행 중 모터의 회전력에 따라 마운트가 돌아갈 수 있으므로 주의해야 합니다.

Step ❸ 하판 랜딩 기어 체결부 조립하기

랜딩 기어와 하판의 커넥터 결합 시 파이프 핏을 조이기 전 알맞은 각도로 맞춘 후 기체 하중을 최대한 분산시킵니다. 이때 파이프 핏이 아닌 이지 커넥터를 사용할 경우, 조금 더 수월하게 작업할 수 있지만 랜딩기어를 잡아 주면서 하중을 분산하기에는 불리한 점이 있습니다.

• **구동부 제작하기**

Step ❶ 모터와 모터 마운트 체결하기

모터 마운트와 모터를 결합합니다.

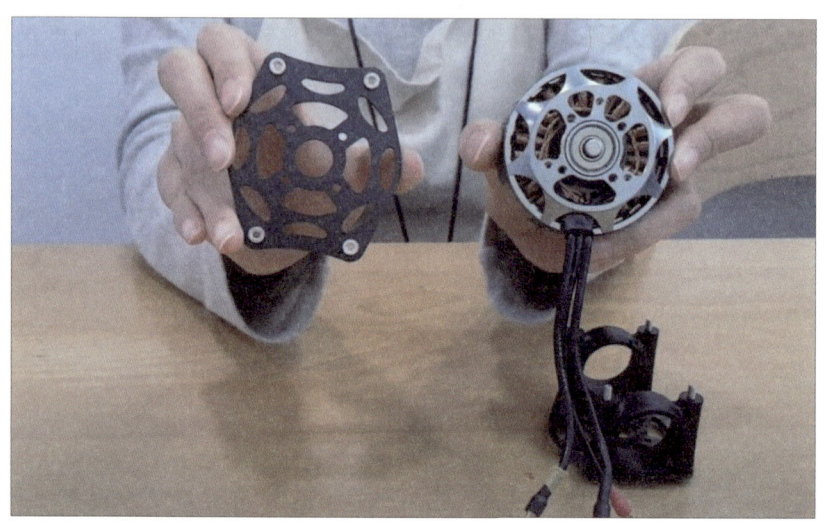

Step ❷ 모터와 ESC 체결하기

암 안쪽으로 ESC의 신호선을 알맞게 결합합니다(ESC 신호선을 교차시킨 경우 CCW로 모터가 회전하고, 교차시키지 않은 경우 CW로 회전하게 됩니다).

• FC & GPS 장착하기

FC와 GPS는 종류별로 장착 방법 및 위치가 다르기 때문에 해당 장비의 매뉴얼을 참고하여 알맞게 장착합니다. 장착이 완료되었다면 모터 ESC를 FC 매뉴얼에 맞게 순서대로 장착합니다.

4.3.3 조립 품질 테스트

• 연료전지 연결 및 구동 테스트

Step 1 주변 기기 준비

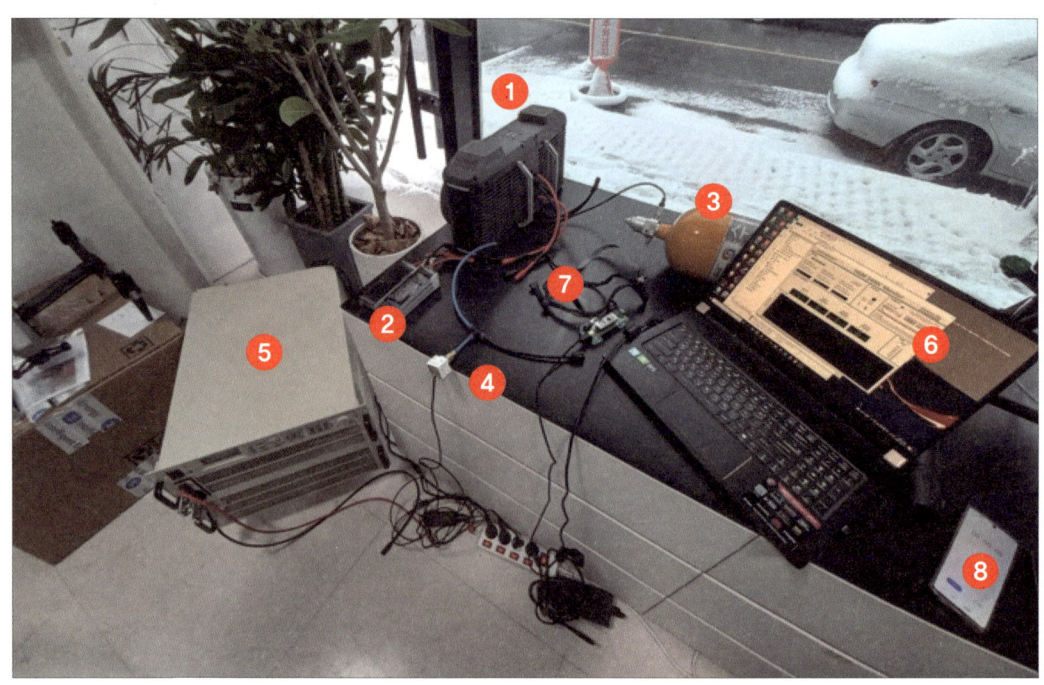

❶ 수소 연료전지   ❷ 하이브리드 배터리   ❸ 수소 실린더 및 레귤레이터
❹ 공압 센서   ❺ DC 로더기   ❻ 프로그램
❼ CAN-USB 변환 보드   ❽ 타이머

※ 테스트 준비 및 주의사항
- 연료전지의 외부적인 데미지와 스택 내부에 이물질이 있는지 확인합니다.
- 하이브리드 배터리의 전압을 확인합니다. 개당 24.5V 이상일 때만 사용하며, 두 배터리의 전압차는 0.2 이하여야 합니다.
- 수소 탱크의 충전량을 확인합니다. 사용 시 7Bar 이하로 떨어지면 사용을 중지합니다.
- 수소 탱크와 연료전지 사이에 공압 센서를 장착합니다. 가동 후, 퍼지 시 압력이 0.5Bar 이하로 떨어지면 즉시 연료전지 가동을 중지합니다.
- 테스트를 하는 곳의 온도를 0~30도로 유지합니다. 작동할 때 가장 좋은 온도는 20~25도입니다.
- 환기가 잘 되도록 하고 정전기가 일어나지 않도록 유의합니다.

Step 2 연결 전 수소 연료전지 배치

연료전지에 SD 카드가 잘 꽂혀져 있는지 확인하고 작동 버튼이 바닥을 향하게, 보드 팬이 위를 향하게 위치시킵니다.

Step 3 레귤레이터, CAN 커넥터 연결

레귤레이터와 CAN 커넥터를 연결합니다. 연결할 때 연료전지 쪽의 커넥터가 휘지 않도록 조심히 연결해 줍니다. 연료전지의 작동을 위해서는 레귤레이터 커넥터와 CAN 커넥터 두 개 중 하나는 반드시 꽂혀 있어야 합니다. 가동 시 배기 되는 공기에 노출되지 않도록 커넥터 선을 위로 잘 넘깁니다.

▲ 레귤레이터 커넥터 연결

▲ UART/CAN 커넥터

▲ 뒤로 넘기기

Step ④ 수소 공급 라인 연결하기

수소를 공급할 때는 레귤레이터 쪽을 먼저 연결해야 하며, 라인에 공기가 섞이는 것을 최소화하기 위해 반대쪽을 막고 빠르게 연료전지 쪽에 연결합니다.

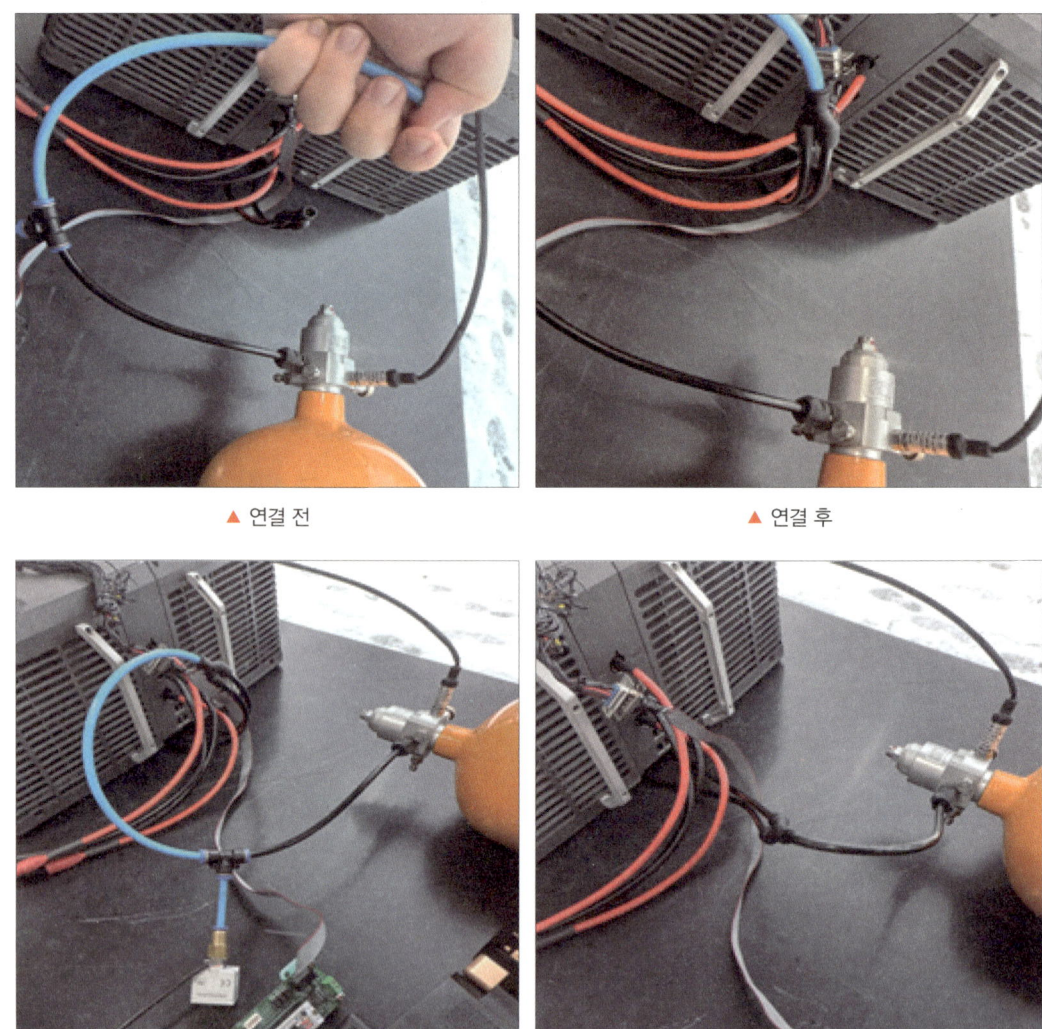

▲ 연결 전 ▲ 연결 후

▲ 테스트베드 ▲ 드론

Step 5 공압 센서

레귤레이터와 연료전지를 연결하고 나면 0.9~1.1Bar 사이를 유지합니다. 연료전지의 출력을 높일수록 값이 낮아집니다.

2.4kW를 사용할 때는 대략 0.89~0.92Bar를 유지합니다. 연료전지가 작동 중 퍼지를 할 때 0.6~0.7Bar까지 떨어집니다. 하지만 0.5Bar 이하로 떨어진다면 곧바로 연료전지를 정지시킵니다. 해당 값 이하로 내려가면 연료전지에 영구적인 손상을 입히므로 가동 중에 지속적으로 모니터링합니다.

▲ 수소 공급 시

▲ 작동 중 퍼지 시

Step 6 로더기 연결

연료전지의 파워 부분과 DC 로더기를 그라운드(검은색)에 먼저 연결한 후 +극(빨간색)을 연결합니다. 이때 로더기의 단자부에 극성이 다른 금속과 같이 연결되지 않도록 주의합니다.

▲ PWR과 DC 로더 연결

Step 7 하이브리드 배터리 연결

배터리 하나당 24V, 연료전지에 필요한 전압은 48V이기 때문에 직렬 연결이 필요하므로 각 배터리의 +와 -극을 연결합니다.

이때, 각 배터리의 전압은 24.5V 이상, 전압 차이는 0.2V 이하여야 합니다. 연료전지의 배터리(BAT)에 배터리를 연결할 때 그라운드(검은색)를 먼저 연결하고 +극(빨간색)을 연결합니다.

하이브리드 배터리는 연결하자마자 DC 로더에 전압이 표시되고 바로 전력 소모가 시작되기 때문에 가능한 한 시동 준비가 완료되었을 때 연결합니다.

▲ 배터리 직렬 연결

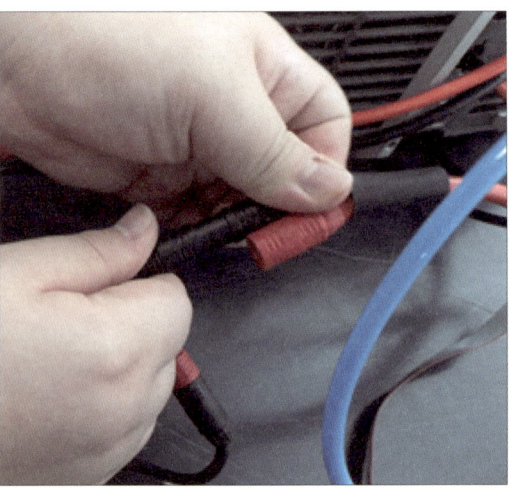

▲ -극(검은색) 연결

▲ +극(빨간색) 연결

Step 8 모니터링 프로그램 연결

보드를 컴퓨터에 연결하고 맞는 COM을 선택한 다음 [시작] 버튼을 누릅니다. 수신 문자에 800,000+가 표기되면 잘 연결된 것입니다. 만약 수신 문자가 위에 표기된 숫자가 아닌 다른 숫자 또는 빠르게 바뀐다면 배터리를 분리하고 USB를 뺀 다음 다시 연결합니다. 실수로 [정지] 버튼을 눌렀다면 프로그램 왼쪽 상단의 화살표 표시를 눌러 재시작합니다.

▲ 보드와 PC 연결

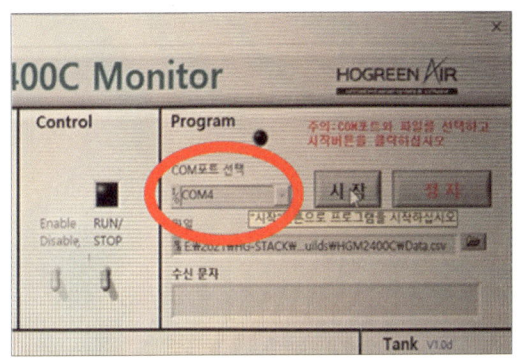

▲ COM 선택 후 [시작] 버튼 클릭

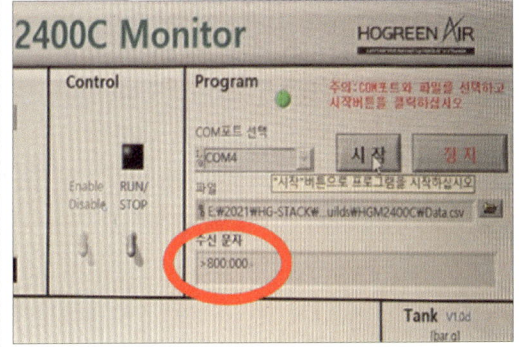

▲ 수신 문자 확인

Step 9 모니터링 프로그램으로 연료전지 시동 걸기

RUN/STOP 레버를 클릭하면 초록불이 점등되면서 연료전지 시동음이 들립니다. 수신 문자가 빠르게 바뀌기 시작하고 모든 수치가 바뀌기 시작합니다. 만약 시동음이 들리지 않거나 수신 문자가 바뀌지 않는다면 배터리와 USB를 분리하고 프로그램을 재시작한 후 배터리와 USB를 재연결합니다.

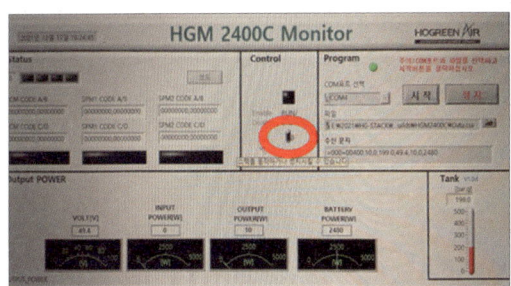

▲ 시동 레버 클릭

▲ 점등과 수신 문자 확인

Step ⑩ 시동 후 상태 확인 및 테스트

연료전지의 시동이 걸리고 난 후 5~15초가 지나면 전압이 50V 이상 올라가게 됩니다. 이때, 절대로 로드를 걸지 않습니다. 수소 잔량을 확인하고 7bar 이하로 내려가지 않도록 유의하며 수소 압력을 확인합니다.

정상일 때는 연결 후 0.9~1.1Bar이며, 퍼지할 때 0.6~0.7Bar입니다. 시동을 걸고 2분간 대기 후 테스트를 진행합니다.

▲ 전압 확인

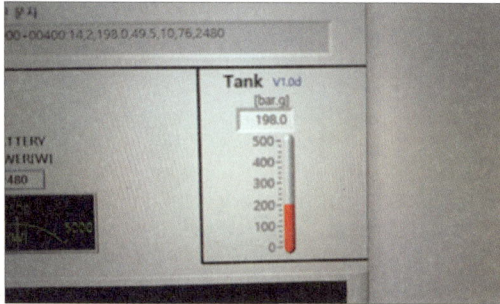
▲ 수소 잔량 확인

로드를 하지 않은 상태로 2분(예열)이 지난 후 5A로 로드합니다. 1분이 지날 때마다 5A씩 증가시키며 전류를 증가시킬 때마다 전압이 조금씩 강하하는 것을 확인할 수 있습니다. 테스트 도중 전압이 급강하(48V 이하)하기 시작하면 온·오프 버튼을 눌러 로드를 멈추고 연료전지 작동을 멈춥니다. 50A에 도달하면 10분~1시간 가동시켜 봅니다. 수소 잔여량이 7Bar 이하로 내려가면 곧바로 로드를 멈추고 연료전지를 정지시킵니다.

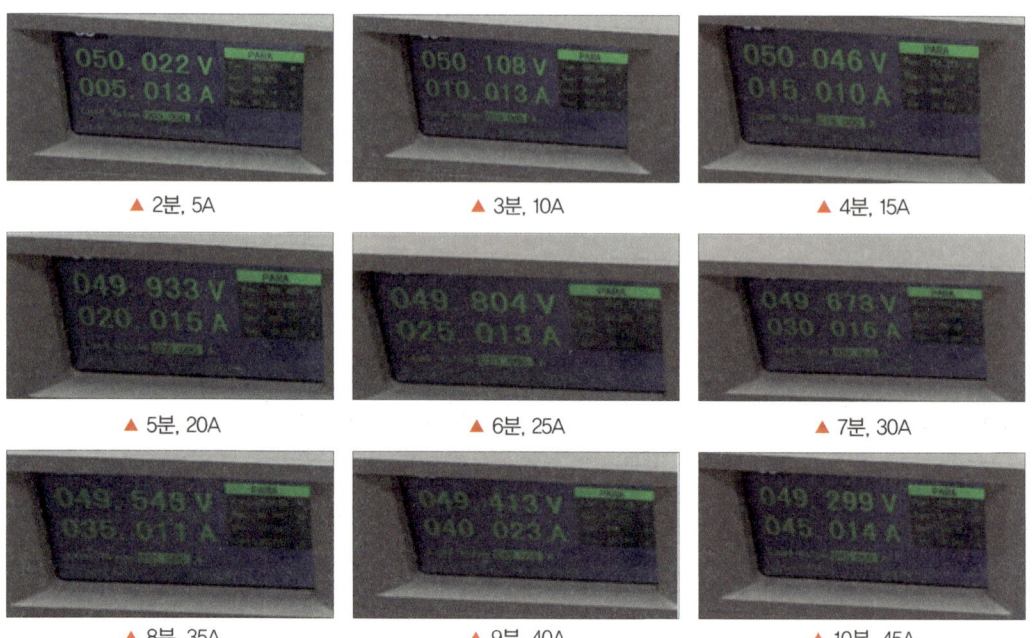
▲ 2분, 5A ▲ 3분, 10A ▲ 4분, 15A
▲ 5분, 20A ▲ 6분, 25A ▲ 7분, 30A
▲ 8분, 35A ▲ 9분, 40A ▲ 10분, 45A

• **연료전지 장착**

연료전지를 기체 하부에 두고 기체하부에 뚫려 있는 연료전지 장착 홈에 맞게 맞춘 후 볼트와 너트를 조여 체결합니다.

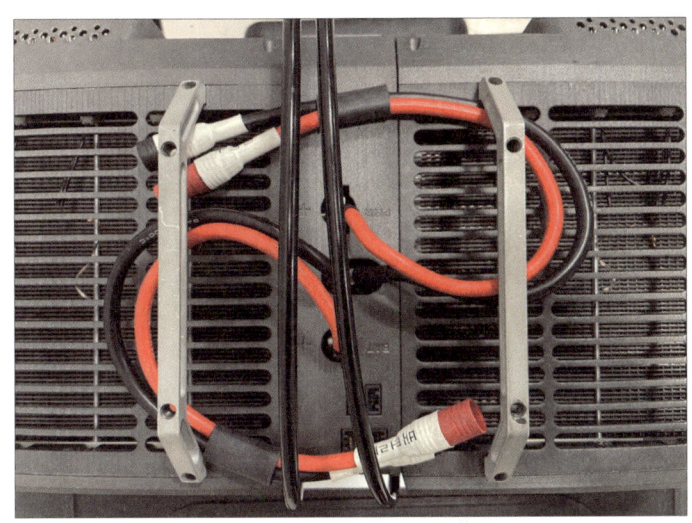

Part 5
수소 연료전지 드론의 관리와 정비

수소 연료전지를 사용하는 드론은 장기간 체공 등의 여러 가지 이점이 있지만, 수소를 사용한다는 점에서 운용상 주의해야 할 사항이 있습니다. 비행 중 스택의 온도 확인, 수소 잔량 확인, 전류 전압 확인 등이 필요하고, 전문 인력, 안전 기술 등의 역량을 강화해야 합니다. 또한 국민, 사업자 등의 안전 의식을 향상시킬 수 있는 교육 및 홍보를 통하여 수소에 대한 올바른 이해를 통해 위험, 기피 에너지원이라는 인식을 낮추도록 해야 할 것입니다.

수소 연료전지 드론의 내적·외적 사고로부터 안전성을 확보하고, 내구성을 유지하기 위해 관리와 정비를 체계적이고 구체적으로 할 수 있어야 합니다. 지속적인 관리와 정비는 잠재적 사고의 위험을 사전에 예방할 수 있는 지름길입니다.

Hydrogen Fuel Cell Drone

Chapter 1
수소 연료전지 드론 관리

연료전지는 작동 온도 및 습도 그리고 외부 압력이 정해져 있습니다. 따라서 가혹한 환경에서의 연료전지 사용은 발전 효율 저하와 고장의 원인이 됩니다. 이러한 연료전지의 성능 저하 및 고장을 막기 위해 사용 전·후로 꾸준한 관리가 필요합니다. 1장에서는 연료전지의 관리 방법 및 관리 요령 등을 알아보겠습니다.

연료전지는 수소를 사용하기 때문에 밖으로 누출되지 않도록 관리하는 것이 중요합니다. 기체의 기밀, 내구, 진동, 충격, 방수, 부식, 절연 등으로부터 유지 관리가 잘 되도록 해야 합니다. 또한 연료전지는 내연기관보다 높은 냉각 성능을 요구하기 때문에 냉각 시스템의 관리가 중요합니다.

5.1.1 연료전지 관리

• 배수 관리

수소 파워팩은 팩 내부 스택과 배기 방식에 따라 배수량에 차이를 보이는데, 두산의 DM30과 같이 배수를 위한 퍼지가 필요한 경우, 퍼지 밸브와 배수관의 관리가 필요합니다.

[그림 5.1.1-1] 파워팩 퍼지 밸브

• 스택 및 팩 내부 온도 관리

수소 연료전지는 수소라는 기체를 다루므로 냉각 방식과 온도 관리는 중요합니다. 연료전지 작동 시 최대 50도 이상의 열이 발생하는데, 이때 발생한 열을 얼마나 효율적으로 식혀주느냐가 스택의 수명과 품질 유지의 핵심이라고 할 수 있습니다. 기본적으로 수냉식과 공냉식으로 나뉘며, 대용량의 경우 고도의 기술인 증발 냉각식이 사용되는 경우도 있습니다.

수냉식

열을 전달하는 매질이 액체인 냉각 방식을 말합니다. 펌프를 이용해 냉각수를 순환시키는 장치에서 발생한 열을 이동시킨 다음 외부에서 냉각합니다.

공냉식

펜의 회전을 통한 바람으로 열을 식히는 방식입니다. 방열판을 통해 열을 배출하고 그 열을 바람을 일으켜 밖으로 빼내며 이 과정을 통해 외부 공기를 빨아들이고 열을 밖으로 내보내며 내부의 온도를 유지합니다.

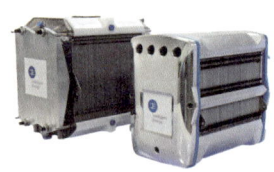

증발 냉각식

수소 연료전지 동작 시 발생하는 물을 외부로 배출하지 않고 스택에 재공급해 온·습도 조절을 가능하게 함으로써 연료전지의 성능 저하를 방지하고 수냉식과 공냉식에 비해 적은 수의 부품이 들어가므로 소형화 및 경량화에 유리합니다.

[그림 5.1.1-2] 수냉식과 공냉식, 증발 냉각식의 차이

• 수소 공급 장치

    수소 공급 시스템에는 수소 용기 외 수소 공급 튜브, 레귤레이터 등이 포함되어 있으며, 이 중 공급 튜브의 경우, 고무 소재로 관리가 안 될 시 수소 누출의 우려가 있으므로 주의해서 관리해야 합니다. 수소 용기와 직접 체결되는 구조로, 체결 부위가 헐거워지거나 고무 튜브가 찢어진 경우 즉각 교체해야 합니다.

[그림 5.1.1-3] 수소 공급 튜브

5.1.2 하이브리드 배터리 관리

연료전지 시스템에서의 배터리는 시동과 남은 에너지 보관의 용도로 쓰이는데, 높은 방출량을 가진 배터리를 써야 하는 연료전지 시스템의 특성상 급속 충·방전이 수시로 이루어지며, 이 과정 중 수소를 전량 소모했을 때 시스템의 전력은 온전히 배터리에 의존하게 됩니다. 배터리의 전압을 사용 한계 이상으로 사용 시 사용 불능이 될 수 있고, 심할 경우 배가 불러오며 폭발의 위험도 있습니다.

[그림 5.1.1-4] 하이브리드 배터리

※ 리튬폴리머 배터리는 폭발 위험성, 전해질의 누액 현상, 사용하지 않아도 시간이 지나면 방전되는 자연 방전, 완전 방전이 되지 않은 상태에서 충전을 반복하면 최대 충전 용량이 줄어드는 메모리 효과가 거의 없다는 특징이 있습니다.

5.1.3 수소 탱크 관리

- **Type별 가스탱크**

     강 또는 알루미늄으로 만들어진 금속제 용기로 복합 재료에 따른 구조적 강화 없이 금속 재료만으로 압력 하중을 견디도록 만든 용기

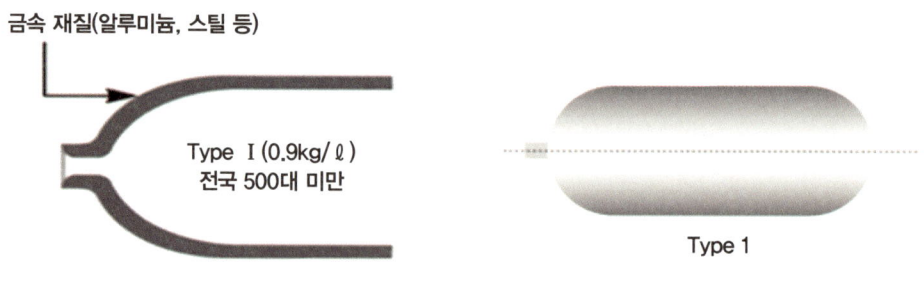

[그림 5.1.1-5] Type 1 가스탱크

Type ❷ 강 또는 알루미늄으로 만들어진 금속제 라이너 위에 수지를 함침시킨 탄소섬유나 유리섬유를 원주 방향으로 감아 만든 용기

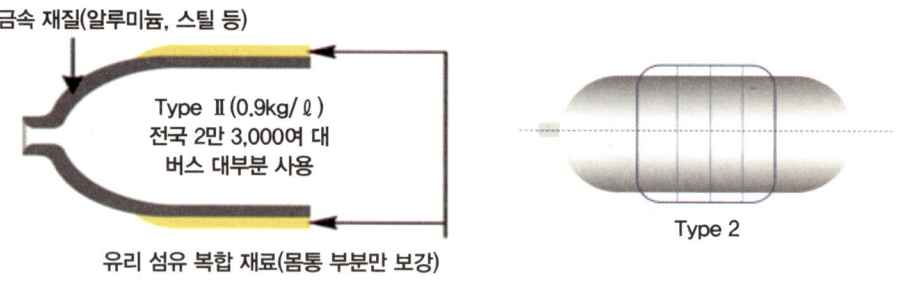

[그림 5.1.1-6] Type 2 가스탱크

Type ❸ 강 또는 알루미늄으로 만들어진 얇은 금속제 라이너 위에 수지를 함침시킨 탄소섬유나 유리섬유를 원주 방향과 길이 방향으로 감아 만든 용기로, 금속제 라이너는 하중을 부담하지 않거나 극히 일부분만을 부담함.

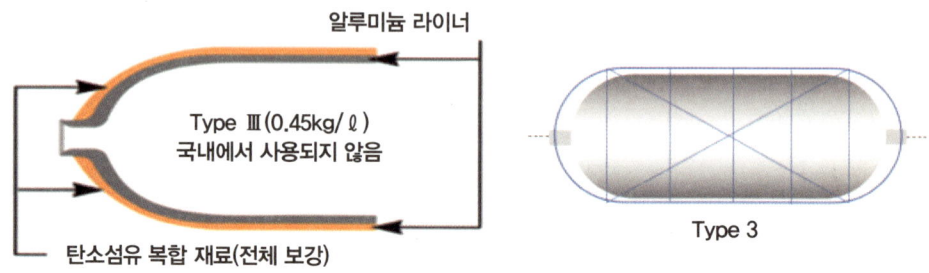

[그림 5.1.1.-7] Type 3 가스탱크

Type ❹ 용기의 경량화를 목적으로 비금속 재료로 만들어진 라이너 위에 수지를 함침시킨 탄소섬유나 유리섬유를 원주 방향과 길이 방향으로 감아 만든 용기로,

비금속 재료로 만들어진 라이너는 하중을 거의 부담하지 않고, 가스가 새지 않도록 하는 역할만 함.

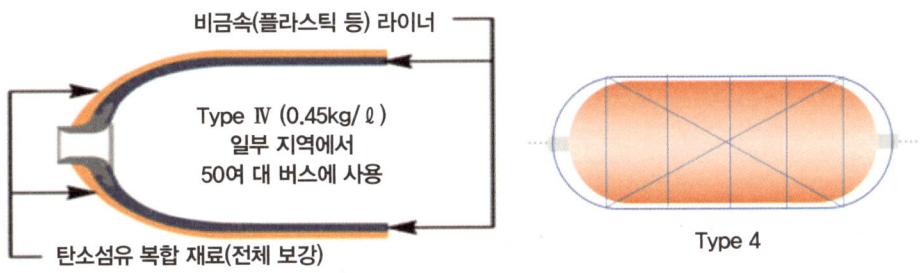

[그림 5.1.1-8] Type 4 가스탱크

• 수소 탱크의 성질

수소는 가장 작은 원자로 금속 재질 내부도 통과할 수 있습니다. 이때 수소 취화 (Hydrogen Embrittlement) 현상, 즉 금속을 통과한 수소의 부피가 증가해 금속을 깨뜨리는 현상이 발생하므로 일반 용기 저장 시 폭발의 위험성이 있습니다.

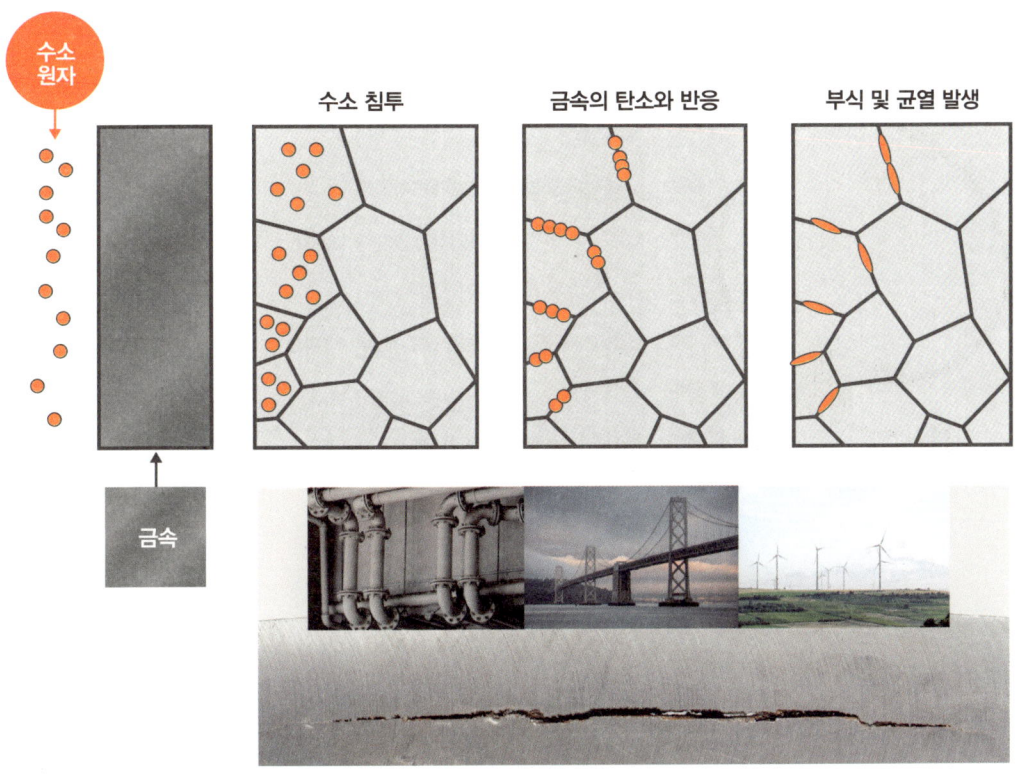

[그림 5.1.1-9] 수소 취화 현상

따라서 고압을 견딜 수 있는 전용 탱크에 보관해야 하며, 일반적인 고압 용기는 타입별로 1~4까지 나눠지며, 수소 저장 시 대부분 Type 3나 Type 4를 사용하고 있습니다. 수소 저장 용기는 압력 시험, 극한 온도 시험, 충격·파열·낙하·총탄·화염 시험을 거쳐 안전성을 확보하지만 사용 중 발생할 수 있는 파손과 가스 누출이 있을 수 있어 주기적으로 체크해야 합니다.

  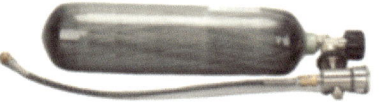

[그림 5.1.1-10] 수소 저장 용기

• 레귤레이터

수소 탱크는 레귤레이터라는 장치를 사용하는데, 레귤레이터는 압력 조정을 위해 장착하는 것으로, 수소 탱크와 결합 후 수소가 나오고 다이어프램(Diaphragm)이 연료 압력에 의해 밀어올려지면 여분의 연료는 출구로부터 연료 탱크로 되돌리게 되는 역할을 합니다.

레귤레이터

• **데이터 케이블**
   기압 센서를 통해 수소 용기의 현재 압력과 연료전지로 보내는 압력을 조절해 주는 수소 공급의 핵심 장치

• **배기 장치**
   사용하고 남은 수소를 공기 중으로 방출시키는 장치로, 매우 민감해 파손 시 수소 누출의 위험이 있다.

[그림 5.1.1-11] 레귤레이터

5.1.4 수소 관리

수소 고압가스는 정부에서 관련법에 따라 안전을 관리하고 있지만, 수소 경제에 대비하기 위해서는 저압 수소에 대한 안전 기준도 마련될 예정입니다. 또한 개발하는 기업의 R&D 프로젝트 등의 자율성을 침해하지 않는 범위에서 안전성을 제고하기 위한 정책이 마련되고 있는 중입니다. 사회적으로는 국민, 사업자 등의 안전 의식을 향상시킬 수 있는 교육 및 홍보가 필요하다고 할 수 있겠습니다. 또한 인프라 구축과 수소 전 시설 특별 점검 실시 및 보완 조치를 하는 등 안전에 만전을 기하고 있습니다.

Chapter 2 수소 연료전지 드론 정비

Hydrogen Fuel Cell Drone

수소 연료전지 드론은 일반 드론과 마찬가지로 비행 전과 후 단계에 맞는 정비를 해 줘야 합니다. 정비 없이 비행 시 프로펠러 이탈, 프로펠러 파손 등 비행 안전과 직결된 문제가 발생할 수 있으므로 2장을 통해 안전한 드론 정비 방법을 익히도록 합시다.

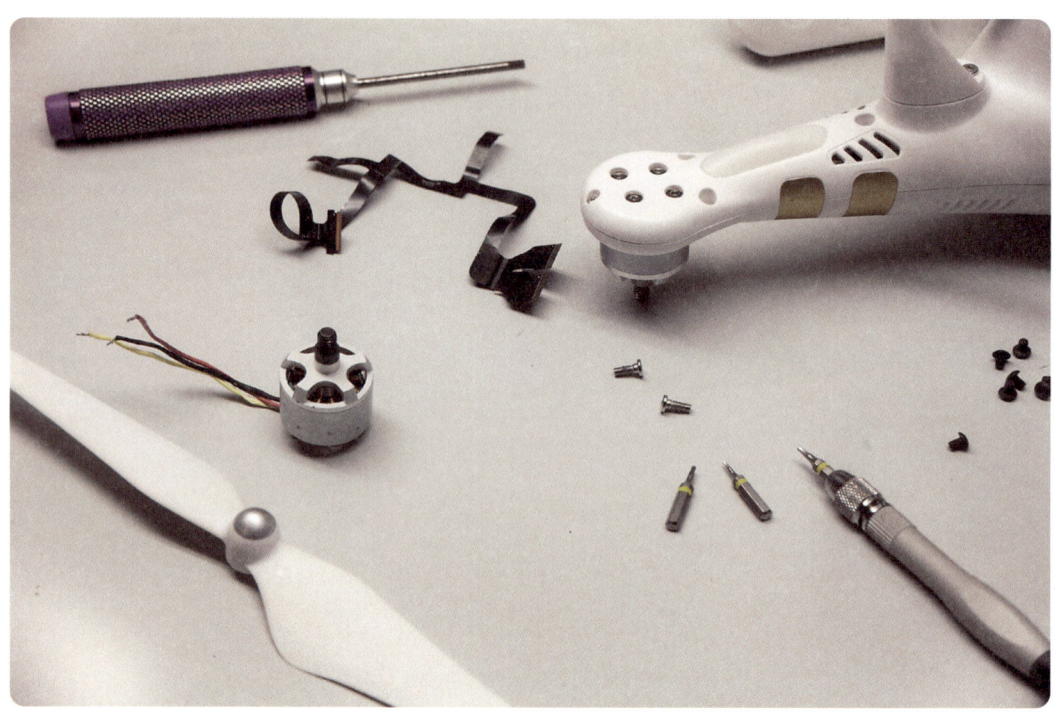

지속적인 수소 연료전지의 상태 확인을 통해 연료전지 부품의 수명을 증가시키고 발전 효율을 유지하며 사용할 수 있습니다. 그러므로 시스템 상태를 확인하기 위해 통신 방법 및 각종 센서에 대해 배워 보고 기체의 올바른 점검 순서를 익히도록 합시다.

5.2.1 시스템 상태 확인

• 비행 전 연료전지 부속품 파손 상태 확인

비행 전 레귤레이터 및 공급 튜브의 파손으로 인한 수소 누출이 없는지, 수소 탱크의 고정이 잘되어 있는지, 연료전지 냉각 시스템에는 이상이 없는지 등을 확인해야 합니다.

• 비행 중 수소 잔량 확인

비행 중 수소의 잔량은 레귤레이터에 장착된 압력 센서를 통해 UART나 CAN 통신으로 운용자의 디바이스에 불러와 확인할 수 있고, 별도의 LED나 디스플레이를 장착해 색상으로 수소의 잔량을 확인할 수 있습니다. 수소의 잔량이 부족할 때는 배터리에서 전력을 끌어와 쓰며 이때 사용되는 전력이 배터리의 한계 수치 이상으로 사용될 때 배터리 폭발로 인한 화재가 발생할 수 있습니다.

[그림 5.2.1-1] 기압 센서

• 비행 중 스택의 온도 확인

  스택의 온도가 너무 높아지거나 낮아지면 성능 저하가 발생해 원하는 출력이 나오지 않으므로 온도 감지 센서를 통해 사용자의 디바이스에 표시되어 상태를 확인할 수 있어야 합니다.

[그림 5.2.1-2] 온도 감지 센서

• 비행 중 전류 전압 확인

  비행 중 예기치 못한 이유로 연료전지의 한쪽 스택이 작동하지 않거나 성능 저하가 일어났을 때 배터리에서 전력을 끌어오므로 연료전지 시스템 내에 센서를 설치해 전류 전압을 항상 확인해야 합니다.

[그림 5.2.1-3] 전류 전압 부하 전력 측정 센서

• 비행 후 파워팩과 기체 간 유격 확인 및 파손 상태 확인

  비행 중 발생한 어떠한 이유(우박, 새, 돌풍, 황사 등)로 파워팩과 기체 간 유격 또는 파손이 발생되었는지 착륙 후 항상 확인해야 합니다.

5.2.2 수소 연료전지 드론의 정비

정비는 드론을 잘 날리는 것만큼이나 중요합니다. 항공기의 특성상 사고 시 인명 피해의 위험이 높고 큰 사고로 연계될 수 있습니다. 드론을 잘 이해하고 정비하는 습관을 갖는다면 안전한 드론 생활을 즐길수 있습니다.

• 프레임 정비

- **Step ❶** 본체 크랙, 파손 여부 및 볼트 풀림 점검. GPS 고정 여부(GPS 정방향 위치) 및 배선 상태를 확인합니다.
- **Step ❷** 암대의 상태 확인, 접이식의 경우 고정 장치 상태를 확인합니다.
- **Step ❸** 랜딩 기어와의 연결 설치 상태 확인 및 볼트 풀림을 점검합니다.
- **Step ❹** LED 경고등 부착 상태를 확인합니다.
- **Step ❺** 수신기 안테나 상태(단선 및 고정 상태)를 확인합니다.

[그림 5.2.1-4] HOA-104 드론 프레임

• ESC 정비

- **Step ❶** ESC 방열판 이물질 확인 및 고정 여부를 확인합니다.
- **Step ❷** ESC 부하 여부(타는 냄새, 발열 등)를 확인합니다.
- **Step ❸** ESC 캘리브레이션(보정)을 실시합니다.

[그림 5.2.1-5] 하비 윙(HOBBYWING) 40A ESC

• 모터 정비

Step 1 이물질 여부, 부하 여부(타는 냄새 여부를 확인합니다.), 마찰 여부(모터를 손으로 회전시켜 봅니다.) 모터 위치별 방향(CW(Clockwise) 시계 방향, CCW(Counter Clockwise) 반시계 방향) 등을 확인합니다.

[그림 5.2.1-6] 하비 윙(HOBBYWING) X6 모터(MOTOR)

• 프로펠러 정비

Step 1 고정 및 유격 상태, 파손(깨짐, 크랙 등) 등을 점검하며 확인합니다.
Step 2 접이식 프로펠러의 경우 접이식 부분 볼트 풀림 등을 점검하며 확인합니다.
Step 3 프로펠러 위치별 회전 방향(CW(Clockwise) 시계 방향, CCW(Counter Clockwise) 반시계 방향)을 확인합니다.

[그림 5.2.1-7] T-MOTOR 카본 프로펠러

- **송·수신기 정비**

    Step 1 송신기의 배터리를 확인합니다.

    Step 2 채널 스위치 상태 확인 및 채널별 기능을 확인합니다.

    Step 3 송신기와 수신기의 연결 상태를 확인합니다.

[그림 5.2.1-8] DJI 송신기 및 수신기

- **배터리 정비**

    Step 1 배터리 외관(찍힘, 쓸림, 부풀어오름 등)을 확인하고, 배터리 셀 손상 여부를 체커기를 통해 확인합니다.

    Step 2 배터리 충전 및 셀 밸런스 케이블 관리 상태와 단자 연결 상태를 확인합니다.

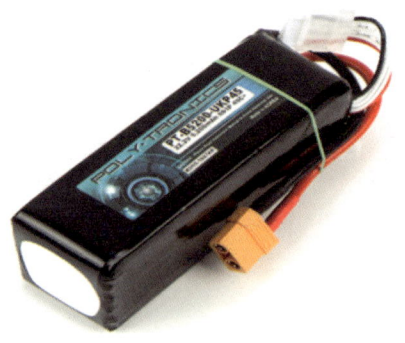

[그림 5.2.1-9] LIPO 배터리

• **임무 장비 정비**

임무 장비는 비행의 목적에 맞게 다양한 종류의 장비가 존재합니다. 카메라, 펌프 모터, 약제통, 드롭박스 등 임무에 맞는 장비 사용이 가장 중요하며, 각 임무 장비별로 올바른 정비 방법을 숙지해야 합니다.

- **농약 방제용:** 약제 펌프 및 약재 탱크와 탱크 캡의 고정 상태를 확인하고, 살포대의 고정 상태 및 노즐과 고무 튜브의 상태를 확인합니다. 이때 고무 튜브 안에 공기가 있다면 빼 주어야 합니다.

[그림 5.2.1-10] 약제통 및 BLDC 펌프 모터

- **항공 촬영용:** 카메라 외부의 상태와 렌즈의 깨짐 또는 이물질 여부를 확인하고 짐벌을 사용한다면 짐벌과 카메라의 고정 상태를 확인합니다. 이때 짐벌 상태 또한 확인해야 하며 짐벌 전원 인가 유무와 모터의 이물질 유무 및 외관 파손 유무를 확인합니다.

[그림 5.2.1-11] DJI 젠뮤즈(ZENMUSE) 짐벌 및 카메라

- **수소 연료전지 드론용:** 수소 연료전지 드론은 기본적으로 수소 연료전지 시스템이 적용되어 오픈 캐소드로 운영되거나 팩 형태로 운영됩니다. 이때 공통적으로 하이브리드 배터리와 스택을 확인해야 하며 배수관이 장착된 수소 연료전지 드론이라면 배수관의 상태도 확인해야 합니다.

[그림 5.2.1-12] 수소 연료전지 보관

- **Step ❶** 배터리 및 연료전지 전원 플러그의 이물질 여부를 확인합니다.
- **Step ❷** 배터리 상태를 체커기를 통해 확인합니다.
- **Step ❸** 팩 형태의 연료전지 시스템이라면 내부 이물질 여부를 확인합니다.
- **Step ❹** 공랭식 연료전지의 경우 연료전지 배기 시스템의 모터 및 블레이드 손상 여부를 확인하고, 수냉식의 경우 수냉 장치의 손상 여부를 확인합니다.

Step 5 배수 시스템이 장착되었다면 배수관 내 이물질 여부를 확인하고 배수관이 없는 경우 연료전지 및 팩 내부의 물기 유무를 확인합니다.

Step 6 수소 탱크의 고정 여부를 확인합니다.

Step 7 수소 탱크와 연료전지 사이 장착되는 장비(수소 공급선, 데이터 케이블 등)를 확인합니다.

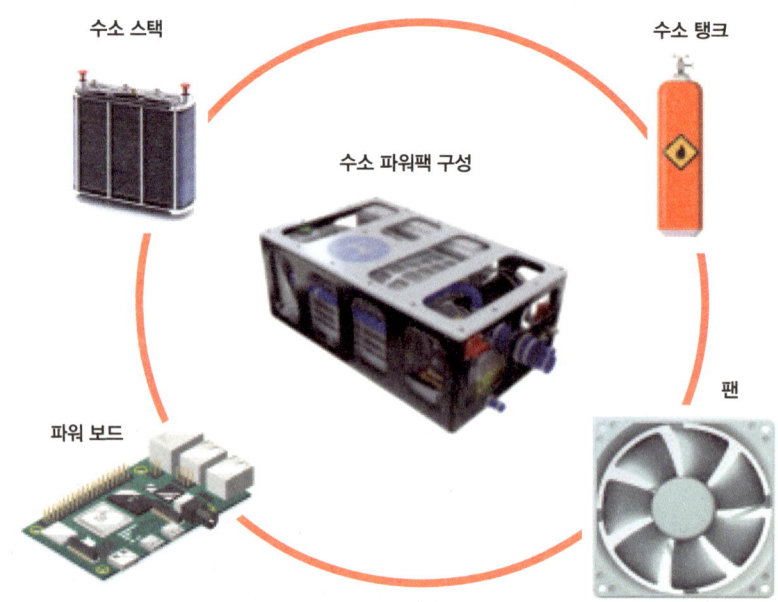

[그림 5.2.1-13] 수소 파워팩의 구성

• 파워팩 정비 시 유의사항

① 정비 시 수소 누출이 있을 수 있으므로 화기 옆에서 정비하지 않습니다.

② 시험 운전 시 배터리 결합 단계에서 스파크가 생겨 폭발이 발생할 수 있으므로 시스템 결합 순서에 유의해 정비합니다.

• 수소 탱크 정비

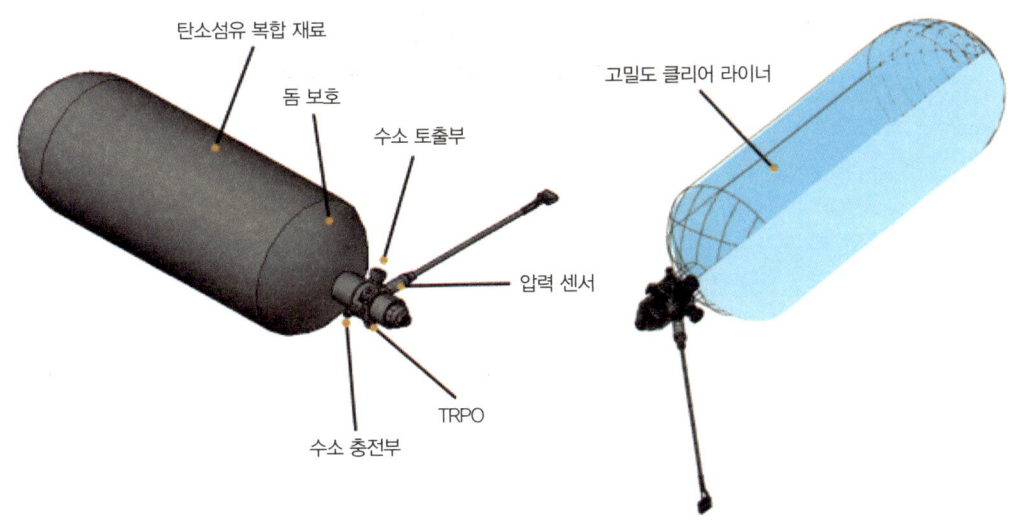

[그림 5.2.1-14] 수소 탱크 설계도

• 수소 탱크 정비 사항

Step ① 레귤레이터 데이터 케이블의 손상 여부를 확인합니다.
Step ② 수소 탱크 외관에 손상 여부를 확인합니다.
Step ③ 수소 공급 튜브에 손상 여부를 확인합니다.

• 수소 탱크 정비 시 유의사항

Step ① 수소 탱크 외관에 변형이 있을 시 사용하면 안 되며, 즉시 교체해야 합니다.
Step ② 수소 탱크의 수소 배출 밸브는 매우 민감해 정비 시 주의하여 정비해야 합니다(의도하지 않은 수소 누출 발생).

• 하이브리드 배터리 정비

수소 연료전지 드론에서 하이브리드 배터리(Li-Po 배터리)는 보조 전력원의 개념으로 사용되지만, 예비 전력으로 급속 충·방전이 이루어지는 과정을 버틸 수 있는 높은 방전율(C Rating)을 가진 배터리를 사용합니다. [그림 5.2.1-15]는 화면상 80C를 의미하며, 일반적으로 사용하는 리튬폴리머(Li-Po) 배터리는 15~30C를 사용합니다.

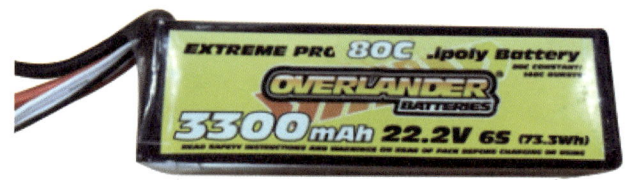

[그림 5.2.1-15] 하이브리드 배터리

방전율(C Rating)은 배터리를 손상시키지 않고 얼마나 빠르게 방전시키는지를 나타내는 척도입니다. 방전율에는 지속 방전율(Continuous Rating)과 순간 방전율(Burst Rating)이 있습니다. 지속 방전율이 너무 낮으면 배터리가 모터에 충분한 전류를 보내지 못하게 되어 출력이 낮아집니다. 방전율이 높은 배터리는 모터에 무리를 주지 않으면서 충분한 전류를 공급합니다. 순간 방전율(Burst Rating)은 보통 10초 동안 지원되는 순간 출력을 의미합니다.

[그림 5.2.1-16] 셀 밸런서를 통한 배터리의 전압 불균형 해소

• 하이브리드 배터리 정비 시 주의 사항

하이브리드 배터리는 일반 리튬폴리머 배터리와 마찬가지로 높은 방전률을 가졌을 뿐 기본적인 발전 메커니즘은 동일합니다. 따라서 하이브리드 배터리의 관리 방법은 일반 배터리와 동일합니다.

❶ 10일 이상 사용하지 않을 때는 완충하지 않고 용량을 40~50% 정도로 보관합니다.

❷ 장기 보관할 경우 배터리를 분리하여 보관합니다.

❸ 상온에서 보관합니다(22℃~28℃가 적당, 온도가 너무 높거나 낮은 환경에서 배터리 손상).

❹ 배터리 사용 후 잔량은 항상 30% 이상으로 유지시켜야 하며, 과도하게 방전시키면 셀 손상을 유발합니다.

❺ 사용 후 배터리는 충분히 열을 식힌 후 충전합니다.

❻ 스웰링 현상(Swelling, 배터리가 부풀어 오른 현상)이 발생되는 배터리의 관리가 중요합니다.

❼ 습한 환경에서 보관하면 안 됩니다.

❽ 과충전에 의한 화재가 나지 않도록 충전 시 항상 모니터링해야 합니다.

❾ 배터리 셀당 전압의 균형이 맞는지 확인합니다. 셀당 불균형이 심하면 배터리 사용을 하지 않고, 셀 밸런서 등을 사용하여 다시 충전을 시도하여야 합니다. 재충전을 실시한 후에도 셀의 불균형이 심하다거나 깨졌다면 사용하면 안 됩니다.

Appendix
부록

산업용 드론 제어 기능경기대회

기능경기대회란?

기능경기대회는 전국의 중학생, 고등학생, 대학생, 대학원생, 근로자를 대상으로 한국산업인력공단에서 주최·주관하는 대회로 1차 시·도별 대회의 1, 2, 3위 입상자에 한해 2차 전국대회에 참가 자격이 주어져 참여하게 되는 대회입니다.

* 국제기능올림픽 대회도 개최국이 바뀌면서 개최되고 참가국이 늘어나고 있으며, 우리나라에서도 참가하여 우수한 성적으로 입상하고 있습니다.

기능경기대회의 종목

기능경기대회는 60가지 이상의 분야(기계 분야, 금형, 차량·철도 분야, 선박·항공, 금속 재료 분야, 화학 분야, 전기·전자 분야, 통신·방송 분야, 광학, 토목, 건축, 섬유 제조 분야, 에너지·자원, 해양, 농업·축산, 임업, 수산, 식품가공, 디자인, 문화콘텐츠, 공예, 인쇄·출판, 미용, 조리, 제과·제빵, 환경, 안전, 소방, 품질관리 분야, 산업용 드론 제어 등 총 63가지)로 나눠집니다.

[표 A-1] 2022 기능경기대회 공식 직종

	공식 직종	산업 기계	Industrial Mechanics
1	//	통신망 분배 기술	Information Network Cabling
2	//	통합 제조	Manufacturing Team Challenge
3	//	메카트로닉스	Mechatronics
4	//	기계 설계 CAD	Mechanical Engineering CAD
5	//	CNC 선반	CNC Turning
6	//	CNC 밀링	CNC Milling
7	공식 직종(신규)	모바일 앱 개발	Mobile Application Development
8	공식 직종	정보기술	IT Software Solutions for Business
9	//	용접	Welding
10	//	인쇄	Print Media Technology
11	//	타일	Wall and Floor Tiling
12	//	자동차 차체 수리	Autobody Repair
13	//	항공 정비	Aircraft Maintenance
14	//	배관	Plumbing and Heating

	공식 직종	산업 기계	Industrial Mechanics
15	//	공업 전자 기기	Electronics
16	//	웹 디자인	Web Technologies
17	//	전기 제어	Electrical Installations
18	//	산업 제어	Industrial Control
19	//	조적	Bricklaying
20	//	미장	Plastering and Drywall Systems
21	//	장식 미술	Painting and Decorating
22	//	모바일 로보틱스	Mobile Robotics
23	//	가구	Cabinetmaking
24	//	실내 장식	Joinery
25	//	목공	Carpentry
26	//	귀금속 공예	Jewellery
27	//	화훼 장식	Floristry
28	//	헤어 디자인	Hairdressing
29	//	피부 미용	Beauty Therapy
30	//	의상 디자인	Fashion Technology
31	//	제과	Patisserie and Confectionary
32	//	자동차 정비	Automobile Technology
33	//	요리	Cooking
34	//	레스토랑 서비스	Restaurant Service
35	//	자동차 페인팅	Car Painting
36	//	조경	Landscape Gardening
37	//	냉동 기술	Refrigeration and Air Conditioning
38	//	IT 네트워크 시스템	IT Network Systems Administration
39	//	그래픽 디자인	Graphic Design Technology
40	//	헬스 케어	Health and Social Care
41	//	철골 구조물	Construction Metal Work
42	//	금형	Plastic Die Engineering
43	//	비주얼 머천다이징	Visual Merchandising
44	//	프로토타입 모델링	Prototype Modeling

	공식 직종	산업 기계	Industrial Mechanics
45	//	콘크리트 건설	Concrete Construction Work
46	//	제빵	Bakery
47	공식 직종(신규)	산업 4.0	Industry 4.0
48	공식 직종	중장비 정비	Heavy Vehicle Technology
49	//	3D 디지털 게임 아트	3D Digital Game Art
50	//	운송	Freight Forwarding
51	//	화학 실험 기술	Chemical Laboratory Technology
52	//	클라우드 컴퓨팅	Cloud Computing
53	//	사이버 보안	Cyber Security
54	//	수 처리 기술	Water Technology
55	//	호텔 리셉션	Hotel Reception
56	공식 직종(신규)	적층 제조	Addictive Manufacturing
57	//	디지털 건축	Digital Construction
58	//	산업 디자인	Industrial Design Technology
59	//	광전자 기술	Optoelectronic Technology
60	//	철도 차량 공학	Rail Vehicle Technology
61	//	재생 에너지	Renewable Energy
62	//	로봇 시스템 통합	Robot Systems Integration

산업용 드론 제어 기능경기대회 개요

산업용 드론 제어는 4차 산업의 핵심 키워드인 드론을 지상통제센터(Ground Control Station 이하(GCS)에서 제어하는 비행체의 자율 운영 시스템을 말하며, 하드웨어에 해당하는 드론을 컴퓨터 및 인공지능을 활용한 디지털 제어와 5G 등의 기존 통신 인프라를 활용한 완전 자율주행에 목적을 둔 미래 핵심 산업이라 할 수 있습니다. 이를 통해 드론 개발자로서 역량을 쌓아 각 관공서(경찰청 일반 공무원, 소방 공무원, 해양 경찰 특수 구조원, 산림청 산림 드론 감시단), 건설사 항공 촬영 지적도 제작, 스마트팜의 일부로서 방제 장비 업체 관리 운용, 군사용 자율 비행 장치 개발자, 무인 비행체 개발과 관련된 업체와 기관 등 다수 업종에서의 취업 활용도가 높습니다.

산업용 드론 제어 기능경기대회 범위 및 절차

- **범위**

  산업용 드론의 제어 기술에는 4차 산업의 핵심 키워드인 드론을 지상통제센터에서 제어하는 비행체의 자율 운영 시스템을 포함하고 있습니다(지상통제센터: Ground Control Station, 이하 GCS).

- **절차**

  지방기능경기대회는 전체 실기 작업으로 구성하고, 전국기능경기대회는 산업용 드론 관련된 법령, 안정성 등의 내용으로 구성된 구두 평가 또는 필기 평가가 포함된 작업으로 구성합니다.

  ❶ 산업용 드론을 조립하고, 하드웨어를 세팅합니다.

  ❷ 산업용 드론의 비행을 위한 FC의 파라미터 세팅(Parameter Setting) 및 GCS를 구성하여 기체를 준비합니다.

  ❸ 산업용 드론의 운용을 위한 FPV(First Person View) 영상 송수신 시스템, 카메라 짐벌 시스템 등을 세팅합니다.

  ❹ 산업용 드론의 안정성을 평가하고 실제 비행을 위해 준비합니다.

  ❺ 임무 장치를 구성하고, 주어진 미션에 맞는 동작을 위한 설정을 합니다.

  ❻ GCS를 활용한 자율 비행을 통해 임무 수행을 완료합니다.

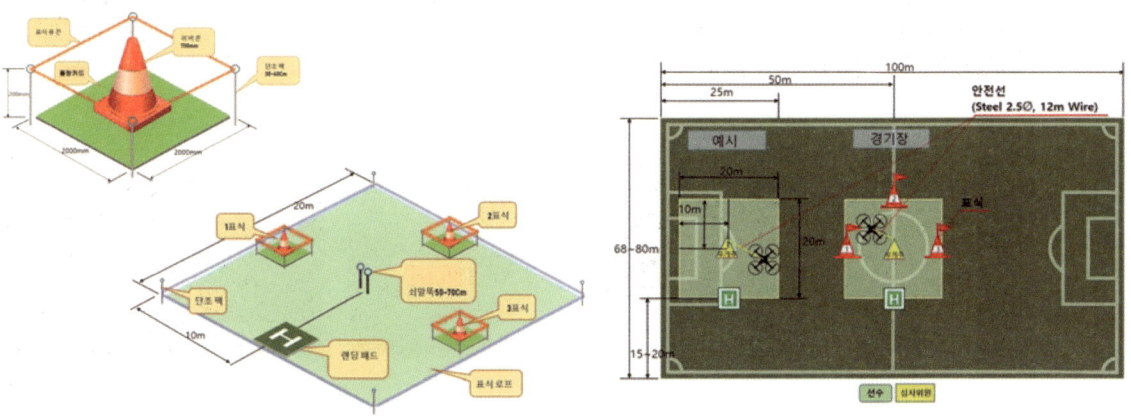

[그림 A-1] 산업용 드론 야외 경기장 배치의 예시('21 지방기능경기대회 시행 자료)

■ 과제

지방기능경기대회: 3일 18시간 ± 1시간 내

사전 준비 시간: 5시간

제1과제: 6시간(실내 경기장, 평가 시간 3시간 별도)

제2과제: 6시간(야외 경기장, 평가 시간 3시간 별도)

제3과제: 6시간(야외 경기장, 평가 시간 3시간 별도)

전국기능경기대회: 4일 24시간 ± 1시간 내

사전 준비시간: 5시간

제1과제: 6시간(실내 경기장, 평가 시간 3시간 별도)

제2과제: 6시간(야외 경기장, 평가 시간 3시간 별도)

제3과제: 6시간(야외 경기장, 평가 시간 3시간 별도)

제4과제: 6시간(야외 경기장, 평가 시간 3시간 별도)

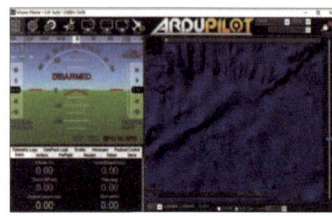
▲ Mission Planner

▲ APM Planner

▲ MAVProxy

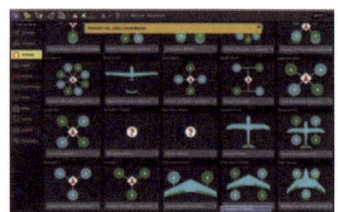
▲ Q Ground Control

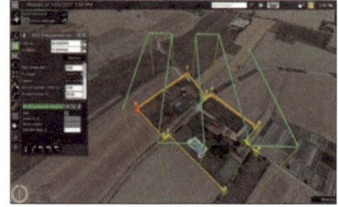
▲ Universal Ground Control Station

▲ Tower

[그림 A-2] GCS 운용 소프트웨어 예시

산업용 드론 제어 기능경기대회에 사용하는 드론

■ 산업용드론제어 기능경기대회용 드론(QVO-IDRONE)

분류	내용	비고
기체 형태	Quad Copter	
기체 중량	16kg	임무 수행 장치 포함
이륙 중량	24kg	
기체 폭	1,950mm	
기체 높이	700mm	캐노피 포함
모터 축간 거리	1,180mm	대각선 모터
배터리	22.4V/22,000mAh	직렬 연결 사용, 2개 1 세트
카본 암(Carborn Arm)	30	
최대 추력	15.3kg/축당	
모터 방수 사양	IPX7	
모터 KV Rating	100KV	
모터 Input Voltage. Max	52.2V	
모터 Input Current. Max	80A	
모터 무게	1040Kg	
기체 크기(펼쳤을 때)	1950×1950×700	
기체 크기(접었을 때)	650×650×700	

산업용 드론 제어 기능경기대회 임무 수행 요소

■ 비행 제어

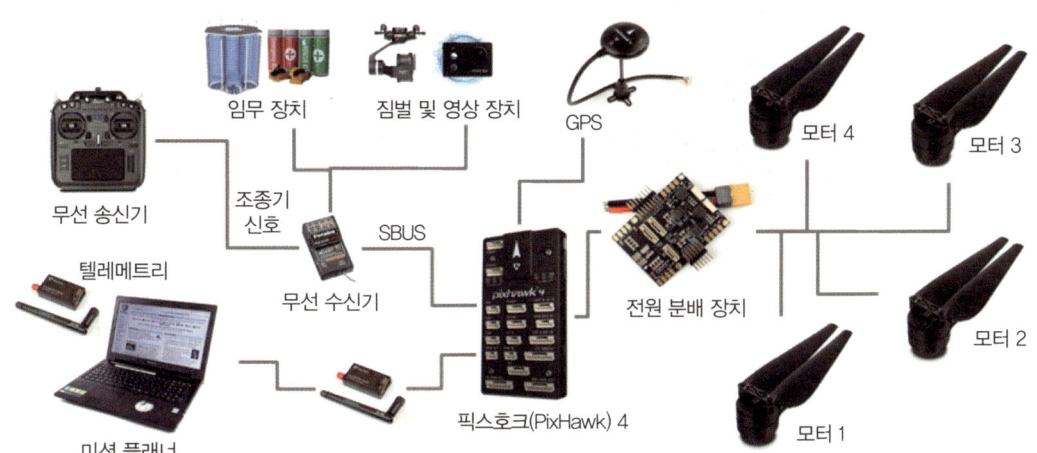

■ 장비 제어(영상 장치)

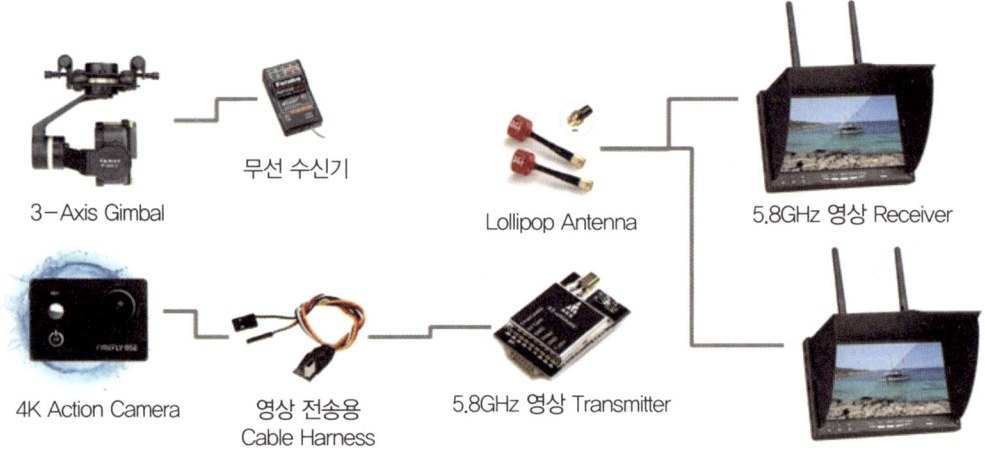

■ 장비 제어(투하 장치 등)

기능: 원통형 구호 임무 키트를 임무 투하 장치에 끼워 원하는 위치에서 서보 모터를 이용하여 떨어뜨림. (드론을 뒤집어 끼우는 불편함 없이, 임무 투하 장치만 옆으로 돌려 임무 키를 끼울 수 있음.)

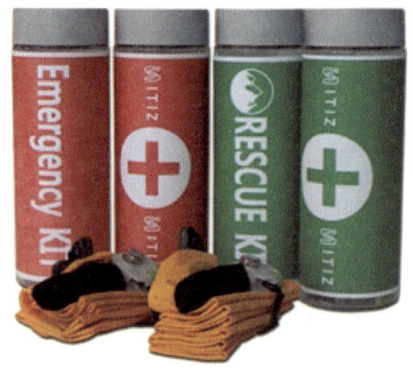

임무: 색깔, 디자인에 따라 다른 임무 부여

- 산악 구호 임무 키트
- 응급 구호 임무 키트
- 해상 구호 임무 키트

산업용 드론 제어 기능경기대회 선수 지참 공구

❶ 육각 렌치

❷ 육각 복스 드라이버

❸ 전동 드라이버

❹ 전동 드릴 비트

❺ 리벳

❻ 스패너

❼ 수평 리벳 툴

❽ 디지털 수평계

❾ 버니어 캘리퍼스

❿ 니퍼 종류

⓫ 드라이버 세트

⓬ 가위

⓭ 열풍기

⓮ 인두기 및 거치대

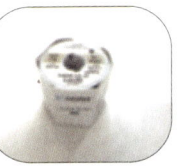
⓯ 인두기 납

⓰ 줄자, 5M

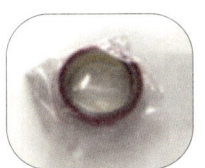
⓱ 양면 테이프

⓲ 케이블 타이

⓳ 펜. 네임펜

⓴ 안전모

Term Index
용어 색인

알파벳순

CAN(Controller Area Network) 통신: 차량 내에서 호스트 컴퓨터 없이 마이크로 콘트롤러나 장치들이 서로 통신하기 위해 설계된 표준 통신 규격이다.

CCS(Carbon Capture and Storage): 이산화탄소 포집 저장 기술. 에너지를 얻기 위해 사용되는 화석 연료를 연소 또는 처리하는 과정에서 발생하는 이산화탄소를 대기 중에 방출하지 않고 포집, 회수하여 격리하는 기술을 말한다.

Crack: 표면에 벌어진 틈새를 말한다. 크랙이라는 말 자체에는 균열의 크기에 따른 구별과 관계 없이 모든 균열을 포함하고 있다.

DC 로더기: 직류 전자 부하기

ePTFE(Expanded Poly Tetra Fluoro Ethylene): 연신된 불소수지. 플루오린(불소)을 포함한 올레핀을 중합시켜 얻어진 합성수지의 총칭이다. 내열성, 내약품성의 우수성이나 마찰계수가 작은 것이 특징이다.

FC(Flight Controller): 비행 제어 장치

GDL(Gas Diffusion Layer) 연료전지 가스 확산층: 공기를 연료전지 셀에 골고루 확산시키는 장치

GNSS(Global Navigation Satellite System): 위성 항법 시스템. 위성 항법 시스템은 인공위성을 이용한 위치 및 시각 결정 시스템이다. GPS의 기본적인 목적은 지상, 해상 및 공중에서 사용자의 위치를 시각 및 기상 상황에 관계 없이 계속 측정할 수 있도록 가능하도록 하는 것이며 우주 공간에서의 항법을 위해서도 쓰이고 있다.

LiPO(리튬폴리머) 전지: 리튬폴리머 전지는 외부 전원으로 충전해서 반영구적으로 사용하는 전지인 '2차 전지'의 한 종류이다. 리튬 2차 전지는 전해질 형태에 따라 리튬금속 전지, 리튬이온 전지, 리튬폴리머 전지로 나눌 수 있다. 수명 및 안전성이 낮아 상용화에 어려움이 있다.

LOHC(Liquid Organic Hydrogen Carriers): 액상 유기 수소 운반체를 말한다.

UART 통신: 개인용 컴퓨터(PC)가 직렬 장치와 외부적으로 통신하기 위해 사용되는 회로. 직렬 포트, 비동기 통신 인터페이스, 범용 비동기화 송수신기(UART)라고도 한다.

가나다순

개질(reforming, 改質): 중질 가솔린에 고온 처리를 함으로써 성분인 탄화수소의 구조를 변경시켜 옥테인 값이 높은 고급 가솔린을 제조하는 조작으로, 열 개질, 접촉 개질로 나뉜다.

검지제(가스 검지관): 가스의 성분을 분석하는 기기

계면: 기체상, 액체상, 고체상 등의 3상 중 인접한 2개의 상 사이의 경계면이다. 흡착이나 분자의 배향 등 특유의 현상이 나타난다.

고분자: 화합물 가운데 분자량이 대략 1만 이상인 분자 또는 화학 결합으로 거의 무한 개수의 원자가 결합하여 있는 분자. 섬유소, 단백질, 고무, 공유 결합으로 생성된 다이아몬드 등이 존재한다.

고분자 전해질막: 수소 연료전지의 4대 구성 요소 가운데 하나로, 선택적 투과 능력을 보이는 분리막(멤브레인)

고체산화물: 전극과 전해질이 모두 고체로 이루어짐. 고체로 만들어졌기 때문에 전기를 생성하는 반응을 위해서는 높은 온도를 필요로 한다.

교류 전력: 교류가 단위 시간에 할 수 있는 일의 양. 크기는 실효 전류와 실효 전압의 곱으로 나타내며 단위는 와트(W)이다.

그래핀(Graphene): 그래핀은 0.2nm의 두께로 물리적·화학적 안정성이 매우 높고, 그래핀은 구리보다 100배 이상 전기가 잘 통한다. 반도체로 주로 쓰이는 실리콘보다 100배 이상 전자의 이동성이 있다.

그레이수소(Gray Hydrogen): 석유 화학 공정의 부산물로 나오는 부생 수소 및 천연가스를 개질해 만드는 추출 수소. 블루 수소와 그린수소보다 훨씬 저렴하지만 탄소 배출량이 상대적으로 많고, 부생 수소의 생산량이 제한적이라는 단점이 존재한다.

그린수소(Green Hydrogen): 태양광이나 풍력 등 재생 에너지에서 나온 전기로 물을 수소와 산소를 분해해 생산하는 수전해 수소를 말한다. 그린수소는 생산 과정에서 탄소 배출이 전무한 수소로, 탄소 중립 시대에 가장 필요한 미래형 에너지 기술로 평가된다.

금속 산화물: 산소와 결합한 각종 금속 화합물의 총칭이다.

나프타(납사): 원유를 증류할 때, 35~220℃의 끓는점 범위에서 유출되는 탄화 수소의 혼합체

냉매: 저온의 물체에서 열을 빼앗아 고온의 물체에 운반해 주는 매체

다공성: 고체가 내부 또는 표면에 작은 빈틈을 많이 가진 상태

다이어프램: 압력 검출이나 압력 변위 또는 힘을 변환하기 위한 밀봉 기능을 말한다. 금속 다이어프램과 비금속 다이어프램이 있으며, 공기압을 사용한 기기의 연산이나 증폭 요소 등에 사용된다.

드론의 자세(롤(Roll), 요(Yaw), 피치(Pitch)): 비행기의 항법 장치에 필수적인 요소이다. 요(Yaw)는 Z축 방향 회전, 롤(Roll)은 좌우 회전, 피치(Pitch)는 전후 회전을 의미한다.

리튬이온 전지(Lithium-Ion Battery): 리튬 이온은 작고 가벼움. 다른 알칼리 금속보다 단위 무게당 큰 에너지(에너지 밀도)를 얻는 것이 가능함.

리튬고분자 전지: 리튬이온 전지에서 액체 전해질 대신 고분자(고체 또는 젤 형태의 고분자 중합체) 전해질을 사용하는 전지

메탄(Methane): 화학식은 CH_4로, 가장 간단한 탄화수소 기체이며, 주요 온실가스 중 하나이다. 메탄의 온난화 잠재력은 이산화탄소(CO_2)에 비해 약 21배, 일산화이질소(N_2O)에 비해 약 31배나 크다.

메탄올: 가볍고 무색의 가연성이 있는 유독한 액체로 유기 합성 재료, 용제, 세척제, 연료, 에탄올의 변성용으로 쓰이고 일산화탄소와 수소를 촉매로 써서 합성한다.

모터: 전자석에 전류를 흘려 전기 에너지를 운동 에너지로 바꾸는 기계

물성: 물리적 성질의 약칭. 물질의 역학적 성질이나 열, 광학, 전기, 자기의 성질 따위를 양을 헤아려 정하는 성질

바[bar]: 기체 압력(기압)의 단위

반감기: 방사선 물질의 양이 처음의 반으로 줄어드는 데 걸리는 시간

받음각: 공기가 흐름의 방향과 날개의 경사각이 이루는 각도를 말한다. 일반적으로 받음각이 커질수록 양력(Lift)도 증가한다. 양력이란 항공기를 뜨게 하는 힘, 즉 항공기가 수평 비행할 때 항공기를 뜨는 힘

방전율: 전지의 정격 용량을 사용 완료하는 속도. 방전율이 높다는 것은 대전류로 빠르게 사용 완료하는 것을 의미한다. 실용적으로는 전지의 정격 용량[단위 Ah(암페어시)]을 1시간 동안 사용 완료하는 방전율을 1C 방전이라고 하며 10시간에 사용 완료하면 0.1C 방전이라 한다.

배기 가스(Exhaust Gas): 물질이 연소·합성·분해될 때 발생하는 기체성 물질. 배출 가스라고도 한다.

백금: 미세한 분말로 한 백금은 그 부피의 100배 이상의 수소를 흡수하며, 적열(赤熱)한 백금은 수소를 흡수하여 투과시킨다.

벤추리 관: 직관 내에 잘록한 부분을 만든 특수한 관을 말하며, 관과 잘록한 부분 간의 압력 차로 관수로 유량을 측정하기 위해 사용하는 관

부생 수소(副生水素, By-Product Hydrogen): 부산물로 발생하는 수소를 활용한다는 점에서 생산량에 한계가 있지만, 수소 생산을 위한 추가 설비 투자 비용 등이 없어 경제성이 높다는 장점이 있다.

분리판: 분리판은 외부에서 공급된 수소와 산소가 섞이지 않고 각 전극 내부로 균일하게 공급되도록 하고 모터를 구동시킬 전기가 생성되는 과정에서 발생하는 물과 열을 배출시켜 준다.

브레이튼 사이클(Brayton Cycle)의 구성: 가스 터빈 기관의 열역학적 이상 사이클로, 주로 항공기 추진이나 전력 생산에 응용된다.

- 브레이튼 사이클 과정 1 → 2 단열 압축 과정(Isentropic Compression) – 속도형 압축기에서 공기를 압축한다.
- 브레이튼 사이클 과정 2 → 3 정압 급열 과정(Isobaric Heat Addition) – 연소실에서 분사된 연료의 연소가 진행된다.
- 브레이튼 사이클 과정 3 → 4 단열 팽창 과정(Isentropic Expansion) – 연소실을 나온 연소 가스가 노즐 링으로부터 터빈 날개로 분출된다.
- 브레이튼 사이클 과정 4 → 1 정압 방열 과정(Isobaric Heat Dissipation) – 터빈을 통과한 가스가 대기 중으로 방출된다.

블레이드: 비행체가 동력을 얻기 위한 날개를 칭한다.

블루수소(Blue Hydrogen): 그레이수소 추출 때 발생하는 탄소를 포집·저장(Carbon Capture and Storage, CCS)하거나 포집·활용·저장(Carbon Capture, Utilization, Storage, CCUS)하는 기술을 적용해 보관함으로써 탄소 배출을 최소화한 공정을 통해 생산된 수소를 말한다. 그레이 수소보다 생산 단가가 높지만, 탄소 배출이 적다는 장점이 있다.

산화제: 산화 환원 반응에서 자신은 환원되면서 다른 물질을 산화시키는 물질

산화물: 1개 이상의 산소 및 다른 원소와 결합하고 있는 화합물을 의미한다.

상대풍: 물체의 운동 방향에 반대로 작용하는 바람

세라믹: 금속(Metal)과 비금속 또는 준금속들이 열처리에 의해 서로 결합하여 결정질을 만드는 소결 과정을 거친 후 형성된 결정질들이 모여 3차원적 망 구조를 형성한 고체 물질을 뜻한다.

셀(Cell): 물질의 화학적·물리적 반응을 이용하여 방출된 에너지를 전기 에너지로 변환하는 소형 장치

수소: 화학식 H_2인 수소(水素)는 자연계에 존재하는 원소들 중에 가장 작은 원자들로 구성, 우주 질량의 약 75%, 원자의 개수로는 90%를 수소가 차지하고 있다고 할 만큼 수소가 풍부하다.

수전해: 물을 전기 분해해 고순도(99.999%)의 수소(그린수소)를 생산하는 기술. 친환경적이지만 전력 비용이 높아 실용화를 위해서는 생산 단가를 대폭 낮춰야 하는 과제가 있다.

스털링(Stirling): 스털링 사이클은 자체 포함된 작동 유체와 내부 열 교환 구성 요소를 사용하여 열을 기계적 동작으로 변환하거나 다른 방향으로 변환할 수 있는 재생 열역학 사이클 유형이다.

암모니아(Ammonia): 화학식은 NH_3로 고약한 냄새가 나고 약염기성을 띠는 질소와 수소의 화합물로 물에 잘 녹는다.

압력 릴리프 밸브(Pressure Relief Valve): 보일러, 압력 용기 또는 배관 등에 설치되며, 규정 압력을 넘으면 밸브가 열리고 유체를 방출해 압력을 낮추는 안전 밸브

액화 수소: 수소를 영하 온도로 냉각하여 액화한 것이다. 액체 산소를 산화제로 하여 우주 로켓의 연료로 사용된다. 기체 수소에 비해 밀도가 약 800배 높다. 극저온 연료에 해당한다.

액상: 액체 상태를 의미한다.

엔탈피(Enthalpy): 에너지(Energy)는 낮아지는 방향으로, 무질서도(無秩序度)는 높아지는 방향으로 변화한다.

양극(Anode): 2개의 전극 사이에 전류가 흐를 때, 두 극 중에서 전위가 높은 극을 의미한다.

에어포일(Airfoil): 비행기 날개처럼 주변 공기의 움직임에 따라 반동력이 생기는 디자인으로 만들어진 본체를 말한다.

엔트로피(Entropy): 열역학적 상태 함수(State Function)의 하나로, 열역학적 계에서 일로 전환될 수 없는, 즉 유용하지 않은 에너지를 기술할 때 이용한다.

역반응: 생성 물질이 반응하여 원래의 반응 물질이 생기는 반응을 말한다.

역브레이튼 사이클(Reverse Brayton Cycle): 냉동 사이클이라고도 말하며, 최초의 물질 상태로 돌아오는 과정 중에 냉동 작용을 하는 사이클을 말한다.

열병합 발전: 전기 생산과 열의 공급, 즉 난방을 동시에 진행하여 종합적인 에너지 이용률을 높이는 발전을 말한다.

예열: 기관을 기동하기 전에 기동을 용이하게 하기 위하여 미리 가열하거나 객차에 난방관을 미리 가열시키는 것을 말한다.

온실가스: 대기 속에 존재하며, 땅에서 복사되는 에너지를 흡수하여 온실 효과를 일으키는 기체를 말한다.

와류(Vortex): 유체역학에서 유체의 흐름의 일부가 교란받아 본류와 반대되는 방향으로 소용돌이치는 현상을 말한다.

원자력: 원자 내부의 핵 반응(Nuclear Reaction)에 의해 발생하는 에너지를 활용하는 것을 말한다.

유리 섬유: 용융한 유리를 섬유 모양으로 한 광물 섬유로, 광섬유로도 사용 중이다.

음극(Cathode): 2개의 전극 사이에 전류가 흐를 때, 두 극 중에서 전위가 낮은 극을 의미한다.

이리듐(Iridium): 백금족에 속하는 은백색의 금속 원소로, 원소 기호는 Ir이다. 산과 알칼리에 녹지 않으며, 백금과의 합금으로 화학 기구를 만드는 데 쓴다.

이온: 전자를 잃거나 얻어서 전기를 띤 원자 또는 원자단

자이로(Gyro): 회전체를 사용한 자이로는 공간축의 보존성과 회전축에 모멘트를 걸면 모멘트의 크기에 비례하여 모멘트의 방향에 세차(歲差) 운동을 하는 특성을 이용한다.

잠열(潛熱, Latent Heat): 물질의 상태가 기체와 액체 또는 액체와 고체 사이에서 변화할 때 흡수 또는 방출하는 열을 말한다.

전극: 전기가 드나드는 곳. 전지, 발전기 따위의 전원에서 전류가 나오는 곳을 양극, 전류가 들어가는 곳을 음극이라 하는데, 전위의 높고 낮음으로 양극과 음극을 구별한다.

전위: 전기 자기장에서 전류의 위치 변화 값, 전자의 위치 이동 간 거리이다. 즉, 전기의 흐름에 있어 전기장이 흐르는데, 이때 한 점을 기준으로 다른 점까지 이동한 거리의 단위 전기량을 말한다.

전자: 물질의 화학적·물리적 반응을 이용하여 방출된 에너지를 전기 에너지로 변환하는 소형 장치

전해질(電解質, Electrolyte): 물 등의 용매에 녹아서 이온으로 해리되어 전류를 흐르게 하는 물질

중항공기(重航空機, Heavier than Air Aircraft 또는 Aerodynes): 공기보다 무거운(최대 이륙 중량이 12,500lb(5,670kg) 이상) 항공기이며, 항공기를 분류할 때의 명칭으로 그 자체가 공기 양력보다 무겁고 공중에 뜰 때 공기의 동적 작용에 의하는 것을 총칭한다.

증발 잠열(Latent Heat of Evaporation): 온도 변화 없이 1g의 액체를 증기로 변화시키는 데 필요한 열량. 이 성질은 포탄이나 폭탄으로부터 화학 작용제가 방출되는 순간의 휘발도를 결정하는 데 중요한 역할을 한다.

지르코니아(Zirconia): 세라믹의 취약성을 조직, 미세 구조의 조정으로 극복하여 절삭용 또는 공구(工具)로 이용, 높은 융점과 낮은 열전도율의 뛰어난 내열 재료

지자계: 지구상의 임의 지점에 자침을 놓으면 거의 남북을 가리키는 것은 부근의 공간이 하나의 자계를 형성하고 있는 것을 의미한다.

직렬: 둘 이상의 저항기나 전원 등을 순서에 따라 차례로 1열로 접속하는 것

질소산화물: 질소(N_2)와 산소(O_2)로 이루어진 여러 가지 화합물의 총칭. 석유나 석탄의 연소로 인하여 생기는 일산화질소(NO)나 이산화질소(NO_2)는 대기 오염의 주원인이다.

철강(鐵鋼): 철(Iron[Ferrum], 원소 기호 Fe)과 강(鋼, 탄소 함유량이 0.035~1.7%인 철)을 합쳐 일컫는 말로, 순도가 높은 철은 구리나 알루미늄보다 만들기 어려우며 보통 철재(鐵材)라고 한다.

초전도: 금속, 합금, 화합물 등의 전기 저항이 어느 온도 이하에서 0이 되는 현상

촉매: 화학적으로 변하지 않고 다른 화학 반응의 속도에 영향을 주는 물질

촉매제: 촉매에 쓰이는 물질

축랭: 냉방용 열을 저장하는 것으로서 얼음 등의 축냉재에 열을 저장하고 필요한 시간대에 얼음의 융해열을 이용하는 방식

코크스(Cokes): 석탄을 가공해 만드는 연료로, 불순물을 거의 포함하지 않은 고순도 탄소로 구성된다.

크라이오펌프(Cryopump): 진공 용기 속에 극저온냉각면(Cryo Panel)을 만들고, 그 위에 기체를 응축시켜 용기 속의 압력을 감소하기 위한 펌프. 냉각면 재료로는 구리·알루미늄·스테인리스 등이 사용된다.

클로드 사이클(Claude Cycle): 액화 공정에서는 상대적으로 온도가 높은 구역에서 팽창기를 사용하고, 실제 공기의 액화가 일어나는 구역에서는 줄—톰슨 밸브를 이용하여 공기를 액화한다. 이렇게 줄—톰슨 밸브와 팽창기를 사용하는 액화 공정을 클로드 사이클(Claude Cycle)이라고 한다.

탄소(Carbon): 수소, 산소 또는 질소 등과 공유 결합을 안정적으로 쉽게 형성할 수 있어 생체 분자의 기본 요소로 사용됨. 석탄, 석유, 천연가스, 천연 흑연 등을 원료로 각종 제품이 만들어지고 있으며, 목적에 따라 합성 고분자 등으로 쓰인다.

탄소 섬유(Carbon Fiber): 내열성, 내충격성이 뛰어나며 화학 약품에 강하고 해충에 대한 저항성이 크다. 가열 과정에서 산소, 수소, 질소 등의 분자가 빠져나가 중량이 감소되므로 금속(알루미늄)보다 가볍고, 반면 금속(철)에 비해 탄성과 강도가 뛰어나다.

토출(吐出, Discharge): 압축기, 관, 펌프 등 유체를 운송하는 설비로부터 특정한 출구를 통해 유체가 빠져나오는 것

토크(Torque): 물체에 작용하여 물체를 회전시키는 원인이 되는 물리량으로, '비틀림 모멘트'라고도 한다. 단위는 N·m 또는 kgf·m을 사용한다. 물체에 가해진 합력이 0이 아니면 물체는 가속도를 얻어 속도가 바뀐다.

팔라듐(Palladium): 원소 기호 Pd인 은백색 금속으로 전성과 연성이 좋고 거의 모든 금속과 합금을 이룬다. 수소의 정제, 귀금속, 화학 반응의 촉매로 사용된다.

퍼지(Purge): 연소되지 않은 가스가 노 안에 또는 기타 장소에 차 있으면 점화를 했을 때 폭발할 우려가 있으므로 점화시키기 전에 이것을 노 밖으로 배출하기 위하여 환기시키는 것

폐열(廢熱, Waste Heat): 에너지의 생산 또는 소비 과정에서 사용되지 못하고 버려지는 열

포화 증기: 액체나 고체 상태의 물질이 평형 상태를 이룰 때의 기체

프레온 가스(Freon Gas): 가장 기본적인 탄화수소 화합물에서 수소 부분을 플루오린이나 다른 할로젠 원소로 치환한 물질

플러딩(Flooding) 현상: 한 상의 유속이 과대하게 되어 다른 상이 원활하게 흐를 수 없게 됨으로써 정상적인 운전이 불가능하게 되는 현상을 말한다.

하버보슈법(Haber-Bosch Process): 질소와 수소로부터 암모니아를 대량으로 생산하는 공업적 방법으로, 고온 고압의 반응 조건과 철을 기반으로 한 촉매를 사용한다는 특징이 있다.

현열(顯熱, Sensible Heat): 물체의 온도가 가열, 냉각에 따라 변화하는 데 필요한 열량이다. '감열(感熱)'이라고도 하며, 물질의 상태 변화가 없다.

Reference
참고 문헌 및 사진 출처

1. Intelligent Energy, IE-LIFT
2. KIST, 연료전지 구조
3. Intelligent Energy, Cell Stack
4. (주)호그린에어, 연료전지 발전 과정
5. (주)호그린에어, 스택의 구성 요소
6. (주)호그린에어, 전해질
7. Polymer Science and Technology Vol. 31, No. 3, June 2020, 고출력 에너지 저장용 다공성 고분자 전극 소재
8. (주)호그린에어, 가스 확산층
9. (주)호그린에어, 개스킷
10. 에이스크리에이션, 수소 연료전지용 카본복합소재 분리판
11. (주)호그린에어, 연료전지 종류에 따른 특성
12. (주)호그린에어, 직접메탄올 연료전지 개념도
13. (주)호그린에어, 고분자 전해질 연료전지
14. 포항공대 김광수 교수팀, DNA-그래핀 복합체 연료전지에서의 산소환원작용 메커니즘 모식도
15. (주)호그린에어, 인산형 연료전지
16. PCE, MCFC
17. (주)호그린에어, 용융탄산염 연료전지
18. (주)호그린에어, 고체산화물 연료전지
19. (주)호그린에어, 연료전지 종류별 특징
20. (주)호그린에어, 연료전지 활용 가능 분야
21. Intelligent Energy, 800W 수소 연료전지 드론
22. Horizen Fuelcell, 수소자전거
23. Horizen Fuelcell, 휴대용 연료전지
24. Horizen Fuelcell, 교육용 수소 스택
25. Intelligent Energy, 100kW 수소연료전지 시스템
26. 현대차, 95kW 수소연료전지 시스템
27. 에스퓨얼셀, 50kW 수소연료전지 시스템
28. Horizen Fuelcell, 100kW 수소연료전지 시스템
29. Intelligent Energy, Ecosmart Zero Welfare Cabin
30. (주)호그린에어, HG-GH1800
31. AIRBUS, 수소 여객기 예상도
32. 현대차, 수소전기 대형 트럭
33. (주)호그린에어, 수소버스 구성도
34. The JoongAng 경제 함부르크=김도년 기자, 독일 수소 열차

35. 산업통상자원부, 2030 그린십-K 추진 전략
36. 대우조선해양, 도산안창호함
37. ㈜호그린에어, 가정용 연료전지 발전 시스템 구성도
38. ㈜호그린에어, 연료전지 발전 개요도
39. 매일경제, 국회 수소 충전소
40. 경남일보, 주유소 정전기 방지 패드
41. ㈜호그린에어, 물질별 에너지 밀도 비교
42. ㈜호그린에어, 수소의 생산 방법에 따른 분류
43. ㈜호그린에어, 부생 수소 생산 과정
44. ㈜호그린에어, 개질 수소 생산 과정
45. ㈜호그린에어, 전기분해 수소 생산 과정
46. ㈜호그린에어, 수소 전주기 안전 관리 핵심 기술
47. 산업통상자원부, 수소안전관리 종합대책
48. ㈜호그린에어, 수소 폭탄과 수소 가스
49. 강원도소방본부, 강릉 수소 탱크 폭발 사고 현장
50. 조선비즈, 노르웨이 수소 충전소 폭발 사고 현장
51. 상아프론테크, www.sftc.co.kr 멤브레인 소재
52. 효성첨단소재, www.hyosungadvancedmaterials.com 고압 수소 탱크 탄소 섬유
53. 포스코, www.posco.co.kr 분리판 소재
54. 동아화성, www.dacm.com 전기차 개스킷
55. 현대모비스, 이젝터를 활용한 수소의 재순환
56. Intelligent Energy, 800W 연료전지
57. ㈜호그린에어, 연료전지 발전소
58. 한국가스공사, 수소 사업 로드맵
59. 현대차, 이동식 수소 충전소 트럭
60. ㈜호그린에어, 수소 발전 의무화 제도
61. ㈜호그린에어, 수소 생산 방식에 따른 분류
62. ㈜호그린에어, 기체수소와 액체 수소 저장 및 운송 효율 비교표
63. ㈜호그린에어, 연료전지 활용 방안
64. ㈜호그린에어, 주요 국가 수소 경제 비전
65. ㈜호그린에어, 수소 발전 비용 전망
66. ㈜헥사, www.hexar.com 액화 수소용기
67. 한국 전력거래소, 2019년 제주도 월별 평균 전력 수요 패턴
68. 그리드위즈, www.gridwiz.com 실시간 전력 시장 현황
69. 에너지경제연구원 이태의, 이유수, 제주도의 재생에너지 확대와 전력 계통의 안정적 운영 방향
70. ㈜헥사, 수소의 에너지 밀도와 액화 수소의 밀도
71. ㈜헥사, 수소 경제 활성화 로드맵 요약
72. ㈜헥사, 수소 공급 및 가격

73. 수소융합얼라이언스, 수소 수급 가격 체계 구축 방안
74. (주)헥사, 수소 튜브 트레일러의 한계
75. KIST 윤창원 박사 월간 《수소 경제》 기고 자료 (2018. 06)
76. https://www.ammoniaenergy.org/wp-content/uploads/2020/01/engineeringthefuturetwostrokegreenammoniaengine1589339239488-2.pdf/MAN의 공개 자료, the selective catalytic reduction process
77. www.hystra.or.jp/en/project, 액화 수소 운반선을 통한 액화 수소 운송 프로젝트
78. Joe Schwartz, Praxair - Tonawanda, NY, @ DOE Annual Merit Review Meeting_ May 10, 2011, 수소의 고압 기체 운송 대비 액화 수소 운송의 장점
79. www.eng-tips.com/viewthread.cfm?qid=452395, p-h 선도 상에 표현된 R134a 프레온 냉매를 사용하는 전형적인 냉동시스템 사이클의 예
80. 위키피디아 en.wikipedia.org/wiki/Hydrogen, 수소의 주요 상태량
81. (주)헥사, 액화 수소 제조 및 설명
82. NIST, www.nist.gov REFPROP
83. (주)헥사, T-h 선도상에서 압력 대역 대비 온도 변화에 따른 엔탈피 변화
84. Comparison of the Safety-related Physical and Combustion Properties of Liquid Hydrogen and Liquid Natural Gas in the Context of the SF-BREEZE High-Speed Fuel-Cell Ferry/SAND2016-6456 J/L.E. Klebanoff, J.W. Pratt, C.B. LaFleur, 수소와 메탄의 물성치 비교
85. (주)헥사, 수소 액화기의 용량에 따른 구분
86. (주)헥사, G-M 극저온 냉동 사이클의 p-V 선도
87. www.nist.gov/image/gffrige2jpg, G-M 극저온 냉동기의 원리
88. (주)헥사, G-M 극저온 냉동기의 열교환에 따른 온도 하강 원리
89. (주)헥사, G-M 극저온 냉동기의 성능곡선
90. (주)헥사, 8kg/day 용량의 직냉식 수소액화기
91. (주)헥사, 소용량 수소액화기의 모델 라인업
92. (주)헥사, T-s 선도에서 브레이튼 사이클
93. Development of Large Scale Hydrogen Liquefaction Faculty of Mechanical Science and Engineering // Institute of Power Engineering Bitzer-Chair of Refrigeration, Cryogenics and Compressor Technology // Thomas Funke Hydrogen Liquefaction & Storage Symposium, UWA // 27.09.2019, 역브레이튼 사이클과 클로드 사이클의 비교
94. 국토교통부, 기획보고서 "상용급 액체수소 플랜트 핵심기술 개발 사업"
95. Large-scale Liquid Hydrogen Production and Supply(Advancing H2 Mobility and Clean Energy) Dr. Umberto Cardella, Linde Kryotechnik AG, Linde Aktiengesellschaft Perth, September 27th, 2019, tpd급의 헬륨 브레이튼 사이클
96. Air Liquide, 헬륨브레이튼 형식의 수소 액화기 모델 및 기술 규격
97. Scott, R.B. et al. Technology and Uses of Liquid Hydrogen, p. 42, The MacMillan Company, New York, 1964, 수소 가스의 역전온도와 줄톰슨 역전곡선
98. uspas.fnal.gov/materials/10MIT/Lecture_2.1.pdf, 클로드 사이클의 개략도와 T-s 선도
99. 플렉스 에어(미국), 에어프로덕트(미국, 린데(독일, 미국), 에어리퀴드(프랑스), 카와사키(일본), 홈페이지 대표 사진

100. (주)헥사, 국내 액화 수소 플랜트 건설 현황
101. (주)호그린에어, 연료 개질기 개요
102. (주)호그린에어, 연료전지 스택 개요도
103. (주)호그린에어, 연료전지 스택의 발전 원리
104. Intelligent Energy, 연료전지 냉각 시스템(증발 냉각 기술)
105. URUAV, 하5000mAh 80C 하이브리드 배터리
106. (주)호그린에어, 수소 연료전지 드론설계 도면
107. T-MOTOR, uav-en.tmotor.com motor parameter
108. (주)호그린에어, 연료전지 시스템 전력 발생도
109. 교통안전공단 『초경량비행장치 표준교재』 - 2019
110. 네이버 지식백과: 시사상식 사전, '베르누이 정리'
111. 아트콥터, 드론 카울
112. (주)호그린에어, 랜딩 스키드 설계 도면
113. T-MOTOR, 브러시리스 모터
114. T-MOTOR, ESC
115. 아트콥터: 배터리 마운트
116. 아트콥터: 모터마운트
117. 아트콥터: 암관절
118. 아트콥터: 드론의 종류별 홀더
119. T-MOTOR: 프로펠러
120. DJI: A3
121. DJI: N3
122. HEX: Pixhawk Cube
123. Holybro: GPS
124. Radiolink: GPS
125. JMRRC: 전원 분배 보드
126. 아트콥터, https://www.youtube.com/channel/UCdzHz0aUdK3vyarmloPNWFA 드론 구동부 조립 영상
127. (주)호그린에어, 연료전지 연결 및 구동 테스트 영상
128. (주)호그린에어, 레귤레이터
129. (주)호그린에어, 수소 용기
130. (주)호그린에어, HP-1(HOA-104)
131. HOBBYWING, ESC
132. HOBBYWING, X6 MOTOR
133. DJI, 송수신기
134. DJI, BLDC 펌프 모터
135. DJI, ZENMUSE 짐벌 및 카메라
136. Intelligent Energy, 2.4kW 수소 연료전지
137. (주)호그린에어, 수소 파워팩의 구성
138. (주)호그린에어, 수소 탱크 설계도

Foreign Copyright:
Joonwon Lee
Address: 3F, 127, Yanghwa-ro, Mapo-gu, Seoul, Republic of Korea
　　　　　3rd Floor
Telephone: 82-2-3142-4151, 82-10-4624-6629
E-mail: jwlee@cyber.co.kr

더 오래 더 멀리 나는 친환경 에너지 모빌리티!
수소 연료전지 드론의 설계와 정비

2022. 3.   8. 초 판 1쇄 인쇄
2022. 3. 15. 초 판 1쇄 발행

지은이 | 홍성호, 박찬호, 위형도, 이동주
펴낸이 | 이종춘
펴낸곳 | BM ㈜도서출판 성안당

주소 | 04032 서울시 마포구 양화로 127 첨단빌딩 3층(출판기획 R&D 센터)
　　　 10881 경기도 파주시 문발로 112 파주 출판 문화도시(제작 및 물류)
전화 | 02) 3142-0036
　　　 031) 950-6300
팩스 | 031) 955-0510
등록 | 1973. 2. 1. 제406-2005-000046호
출판사 홈페이지 | www.cyber.co.kr
ISBN | 978-89-315-5839-5 (93000)
정가 | 23,000원

이 책을 만든 사람들
책임 | 최옥현
기획·편집 | 조혜란
진행 | ㈜호그린에어 최호진
교정·교열 | 안종군
본문·표지 디자인 | 앤미디어, 박원석
홍보 | 김계향, 이보람, 유미나, 서세원
국제부 | 이선민, 조혜란, 권수경
마케팅 | 구본철, 차정욱, 나진호, 이동후, 강호묵
마케팅 지원 | 장상범, 박지연
제작 | 김유석

이 책의 어느 부분도 저작권자나 BM ㈜도서출판 성안당 발행인의 승인 문서 없이 일부 또는 전부를 사진 복사나 디스크 복사 및 기타 정보 재생 시스템을 비롯하여 현재 알려지거나 향후 발명될 어떤 전기적, 기계적 또는 다른 수단을 통해 복사하거나 재생하거나 이용할 수 없음.

■ 도서 A/S 안내

성안당에서 발행하는 모든 도서는 저자와 출판사, 그리고 독자가 함께 만들어 나갑니다.
좋은 책을 펴내기 위해 많은 노력을 기울이고 있습니다. 혹시라도 내용상의 오류나 오탈자 등이 발견되면 **"좋은 책은 나라의 보배"**로서 우리 모두가 함께 만들어 간다는 마음으로 연락주시기 바랍니다. 수정 보완하여 더 나은 책이 되도록 최선을 다하겠습니다.
성안당은 늘 독자 여러분들의 소중한 의견을 기다리고 있습니다. 좋은 의견을 보내주시는 분께는 성안당 쇼핑몰의 포인트(3,000포인트)를 적립해 드립니다.

잘못 만들어진 책이나 부록 등이 파손된 경우에는 교환해 드립니다.